Experimentaluntersuchungen über die Selbstinduktion in Nuten gebetteter Spulen bei hoher Frequenz.

Von

Dr.-Ing. Hermann Niebuhr.

Mit 23 in den Text gedruckten Figuren.

Springer-Verlag Berlin Heidelberg GmbH 1907

Inhalt.

Einleitung.

Mit der fortschreitenden Entwicklung der Theorie der Kommutation, zu welcher in letzter Zeit bemerkenswerte Beiträge geliefert worden sind, hält die experimentelle Untersuchung der Kommutationsvorgänge gleichen Schritt. Insbesondere sind umfangreiche Untersuchungen über die Widerstände im Kurzschlußstromkreis und die magnetische Wirkung der Kurzschlußströme bekannt geworden. Über die Selbstinduktion der kurzgeschlossenen Ankerspulen sind jedoch in letzter Zeit keine Meßresultate in der Literatur zu finden. Der Grund hierzu mag darin liegen, daß man die zur Vorausberechnung der Selbstinduktion aufgestellten Formeln als genügend zuverlässig betrachtete, andrerseits auch darin, daß man bisher Hochfrequenzströme von beträchtlicher Intensität nicht herstellen konnte. Ferner fehlte es an einer bequemen Meßmethode, welche die genaue Bestimmung so kleiner Selbstinduktionskoeffizienten, wie sie die aus wenigen Windungen bestehenden Ankerspulen besitzen, ermöglicht.

Zur Messung der Selbstinduktion der Spulen von Wechselstromgeneratoren genügt es, Messungen bei 50 Perioden auszuführen, indem höhere Frequenzen bei diesen kaum in Frage kommen, und da diese Spulen meist aus vielen Windungen bestehen, bieten solche Messungen, als mit dem Wattmeter ausausführbar, keine wesentlichen Schwierigkeiten. So sind auch dahingehende, zuverlässige Meßresultate aus der Praxis mehrfach in der Literatur zu finden.

Es ist nun im folgenden über Versuche berichtet, welche einen Beitrag zur Kenntnis des Einflusses hoher Periodenzahlen auf die Selbstinduktion von Ankerspulen liefern, wobei die einzelnen, für die Vorausberechnung der Selbstinduktion notwendigen Größen gesondert bestimmt werden. Die Untersuchungen erstrecken sich ferner auf die Dämpfung durch benachbarte kurzgeschlossene Spulen, durch massive Kupferstäbe und den Einfluß von massivem Eisen.

Meßmethode.

Die Anzahl der zur Messung von Selbstinduktionskoeffizienten (S. I. K. K.), selbst kleinster Größenordnung, vorgeschlagenen Methoden ist beträchtlich; eine vollständige Zusammenstellung und kritische Beleuchtung derselben wäre eine umfangreiche und dankenswerte Aufgabe für sich.

Wie unzulänglich die meist angewandte Wattmetermethode auch bei sorgfältigster Wahl der Hilfsmittel hier ist, zeigten einige Probeversuche. Es wurden mit einem Spiegeldynamometer von Siemens & Halske und einem im elektrotechnischen Institut der Hochschule zu Karlsruhe hergestellten, für große Stromstärken dimensionierten, hochempfindlichen Spiegelwattmeter[1]) Messungen von S. I. K. K. angestellt. Es ergaben sich bei einem S. I. K. von ca. 0,000006 Henry (6 Mikrohenry), also der Größenordnung der hier gemessenen S. I. K. K., Differenzen bis zu mehreren Hundert Prozenten infolge von Temperatureinflüssen und der großen Schwierigkeit und Anzahl der vorzunehmenden Eichungen. Prinzipiell wäre die Anwendung des Wattmeters auch nur dann zulässig, wenn die Spannung an seinen Klemmen sinusförmigen Verlauf hätte. Außer dem Umstand, daß dies exakt nie erreicht werden kann, ist noch zu bedenken, daß bei Anwesenheit von Eisen durch Hysterese Harmonische gerader Ordnung entstehen. Da andrerseits sowohl der S. I. K. als der effektive Widerstand einer Spule bei Gegenwart von Eisen nur für eine bestimmte Periodenzahl, Permeabilität und Stromstärke, z. B. die Stromeinheit, definierbar sind, so tritt die Notwendigkeit auf, aus den gleichzeitig pulsierenden Strömen und Feldern verschiedener Frequenz eine bestimmte Harmonische gleichsam herauszuschälen, so daß der gemessene Wert des S. I. K. auf diese bezogen werden kann.

Die Maxwellbrücke ist in Verbindung mit einem Resonanzinstrument im Brückenzweig wohl für diesen Zweck geeignet, indem sie das Meßresultat auf einen sinusförmigen Strom von bekannter Periodenzahl zu beziehen gestattet, jedoch bietet es Schwierigkeiten, einen Starkstrompräzisionsrheostaten ge-

---

[1]) Siehe Hausrath, Die Untersuchung elektrischer Systeme usw., S. 58. Berlin 1907. Julius Springer.

nügend einwandfrei und besonders so herzustellen, daß das Verhältnis seines Widerstandes zu dem des korrespondierenden Zweiges der Brücke trotz Temperatureinflüssen konstant bleibt, was mit Rücksicht auf einfache Messung und Ausrechnung gefordert werden muß.

Hervorragend geeignet ist die Methode von Dr. H. Hausrath[1]) mit Differentialtransformator, welche im elektrischen Institut der Hochschule zu Karlsruhe ausgearbeitet ist und welche die vorliegenden Messungen möglich gemacht hat. Des Zusammenhangs wegen sei die Methode hier kurz beschrieben.

Der Differentialtransformator, eine Modifikation des Trowbridgeschen, besteht aus einem Toroid aus weichem Eisendraht, auf welchem sich zwei, einander entgegengeschaltete, Wicklungen befinden. Ihre Windungszahlen sind nicht gleich, sondern stehen bei dem hier verwendeten im Verhältnis 1 : 16; die Übersetzungsverhältnisse 1 : 4 und 1 : 64 sind für die Herstellung ebenso geeignet. Auf das Toroid ist ferner eine Prüfwicklung von vielen Windungen (hier 1500) aufgewickelt, an welche ein Nullinstrument für Wechselstrom angeschlossen wird. Die Differentialwicklung von wenig Windungen wird nun mit der zu untersuchenden Spule, die andere mit einer variablen Selbstinduktion und einem Rheostaten hintereinander geschaltet und die beiden Zweige außen verbunden. Schickt man nun durch die Anordnung einen sinusförmigen Wechselstrom, so läßt sich erreichen, daß die Wirkungen der beiden Differentialwicklungen sich im Transformator aufheben, daß also der Kraftfluß im Toroid Null wird. Man erkennt dies daran, daß durch das an die Prüfwicklung angeschlossene Instrument kein Strom fließt. Die Bedingung ist dann erfüllt, wenn die Amperewindungszahlen der beiden Differentialwicklungen in jedem Momente gleich sind, und dies bedeutet weiter, daß die beiden Zweigströme phasengleich sind und ihre Amplituden im Verhältnis 1 : 16 stehen. In der zu untersuchenden Spule fließt ein 16mal so großer Strom wie in dem Variometer, und die Abgleichung ist erfolgt, wenn die effektiven Widerstände und die Selbstinduktionen der beiden Zweige im Verhältnis 1 : 16 stehen. Die Methode vereinigt also in sich folgende Vorteile:

[1]) l. c. S. 61.

1. Große Präzision, weil sie eine Differentialmethode ist,

2. Anwendbarkeit für beliebig große Stromstärken,

3. Unabhängigkeit von der Periodenzahl, weil im Transformator im Augenblick der Abgleichung kein Kraftfluß von der betreffenden Frequenz vorhanden ist,

4. ein bestimmtes, mechanisch festgelegtes Verhältnis zwischen den Größen der verglichenen Selbstinduktionen.

Untersucht man nun eine in Eisen gebettete Spule, so entstehen in ihrem Zweig höhere Harmonische, vornehmlich eine solche zweiter Ordnung, und ihr entspricht ein unausgeglichener Kraftfluß im Transformator und ein Strom in der Prüfwicklung. Besitzt auch noch der durch die Anordnung gesandte Wechselstrom von vornherein nicht Sinusform, so fließen in der Prüfwicklung Harmonische jeder Ordnung, und sind z. B. in einem Telephon als Grundton, Oktave, Duodezime, Doppeloktave usw. hörbar. Es muß nun die Abgleichung auf eine bestimmte Periodenzahl erfolgen, also ein bestimmter Strom (z. B. die Grundharmonische) in der Prüfwicklung zum Verschwinden gebracht werden, während die andern Ströme ungestört weiterfließen.

Dies ist mittelst eines Vibrationsgalvanometers möglich, welches nur auf die seiner Eigenschwingung entsprechende Periodenzahl anspricht. Diese Abgleichungen sind jedoch recht schwierig und zeitraubend, eben weil bei Differenzen von nicht 1 % in der Periodenzahl die Reaktion aufhört. Man muß deshalb, da ein automatisches Konstanthalten der Tourenzahl in diesen Grenzen noch nicht möglich ist, die Tourenzahl der stromliefernden Maschine langsam durch die richtige durchgehen lassen und währenddessen die Einstellung machen.

Wegen der großen Anzahl der hier notwendigen Messungen wurde deshalb versucht, das Telephon für den vorliegenden Zweck dienlich zu machen. Vermöge eines scharfen, auf einen bestimmten Ton konzentrierten Gehöres und mit Unterstützung eines Kondensators, der im Prüfstromkreise Resonanz herstellte, gelang es denn auch nach einiger Übung, einen bestimmten Ton herauszuhören und zum Verschwinden zu bringen, ohne durch das Fortbestehen der andern Töne gestört zu werden.

Bei den ersten Versuchen und später zur Kontrolle der Messungen mit Telephon wurde ein Wiensches Vibrationsgalvanometer verwendet, welches mit sieben, zum Teil selbstgefertigten Systemen einen Bereich von 50 bis 2700 Perioden umfaßte.

Bei 50 Perioden, wo das Telephon zu unempfindlich wird, wurde das Vibrationsgalvanometer ausschließlich benutzt; dies war verhältnismäßig wenig zeitraubend, weil die Periodenzahl des verwendeten Stroms der städtischen Zentrale dauernd um 50 pendelt, so daß bei der geringen Dämpfung des Systems (0,051 mm ∅) der Ausschlag fast konstant war.

Versuchsanordnung.

Die Dimensionen des hier verwendeten, im elektrotechnischen Institut der technischen Hochschule zu Karlsruhe angefertigten Differentialtransformators sind an anderer Stelle angegeben[1]). Derselbe wurde im Verlaufe der Herstellung mehrfach auf Isolation und Identität der Wicklungselemente untersucht. Über Bestimmung des Übersetzungsverhältnisses s. u.

Zur Stromlieferung diente ein umgebauter Einphasengenerator der Comp. d'industrie électrique in Genf (Gleichpoltype) mit feststehender Erregerwicklung, glattem Anker und rotierendem Polsystem, welches mit 36 Polen versehen wurde. Die Spulenweite der Wicklung war kleiner als die Polteilung; wie zu erwarten, enthält die Spannungskurve eine ausgeprägte zweite Harmonische, solche höherer Ordnung waren fast un-

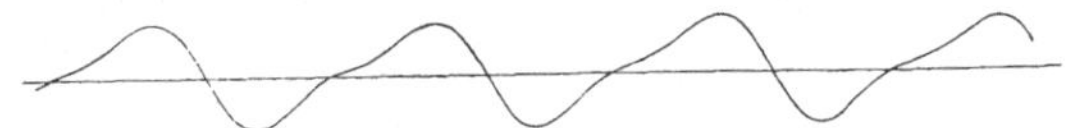

Fig. 1. Oscillogramm der Generatorspannung.

merklich (vgl. Fig. 1). An der verschiedenen Größe der Amplituden ist auch zu sehen, daß durch Unsymmetrien Harmonische niederer Ordnung vorhanden waren. Die normale Tourenzahl war 1000; bis 1500 Touren war eine Grundharmonische bis $\frac{p\,n}{60} = 0{,}6 \cdot 1500 = 900$ Perioden herstellbar, darüber wurden durch die zweite Harmonische bis 1800 Perioden erhalten.

Außerdem stand Strom der städtischen Zentrale von

[1]) Hausrath l. c.

50 Perioden und der eines kleinen Aggregates des Instituts von ca. 150 Perioden zur Verfügung.

Als Etalons wurden zwei Selbstinduktionsvariable benutzt, das größere, Wienscher Bauart, mit zwei ineinander drehbaren Spulen, mit einem Meßbereich von 0,4 bis 144 Millihenry, das kleinere, mit übereinander koaxial verschieblichen und hintereinander geschalteten Spulen, mit einem Meßbereich von 0,025 bis 1,5 Millihenry[1]).

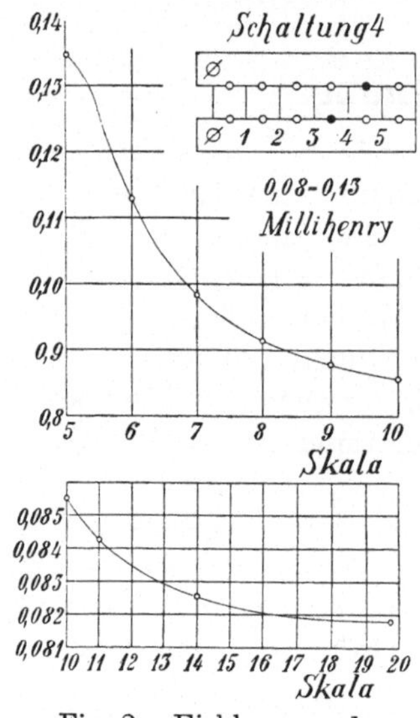

Fig. 2. Eichkurven des kleinen Variometers.

Ein Variometer, bei welchem ein Eisenkern zur Änderung der Selbstinduktion benutzt wird, wie das Dolezaleksche, wäre hier sehr umständlich in der Anwendung[2]), weil es für jede Periodenzahl und Stromstärke besonders geeicht werden müßte.

Die Variometer wurden in der Maxwellbrücke mit einer Hochfrequenzmaschine von Siemens & Halske durch Vergleich mit Normalen der Reichsanstalt von 0,1, 0,01 und 0,001 Henry geeicht. Mannigfache, zwischen den Messungen angestellte Kontrollversuche zeigten keine merkbare Abweichung von den Eichresultaten. Die Eichung des kleinen Variometers mußte, da auf dasselbe die große Mehrzahl der gemessenen Spulen zurückgeführt wurde, mit der größten Sorgfalt geschehen.

Tabelle 1. Meßbereiche des Variometers in Millihenry.

Stufe		1	2	3	4	5	6	7	8	9
Meßbereich	von	0,025	0,033	0,05	0,08	0,13	0,22	0,37	0,56	0,85
	bis	0,037	0,062	0,08	0,13	0,22	0,37	0,65	0,98	1,5
Fehler . . .		1%	0,8%	0,4%	0,4%	0,3%	0,2%	0,1%	0,04%	0,03%

[1]) Hausrath, Phys. Zeitschr. 1907.

[2]) Zeitschrift für Instrumentenkunde 1903, S. 247.

Tabelle 1 zeigt den Meßbereich der einzelnen Stufen und die Fehlergrenzen der Eichung.

Als Beispiel für die Eichkurven diene Fig. 2.

Das Schema der Versuchsanordnung zeigt Fig. 3.

Der Strom verzweigt sich durch die beiden Systeme des Transformators, um einerseits durch einen Ausgleichwiderstand und die untersuchte Spule, andererseits durch das Variometer und einem Präzisionsrheostaten zu fließen, wonach die beiden Zweige wieder vereinigt werden. An die Prüfspule schließt sich

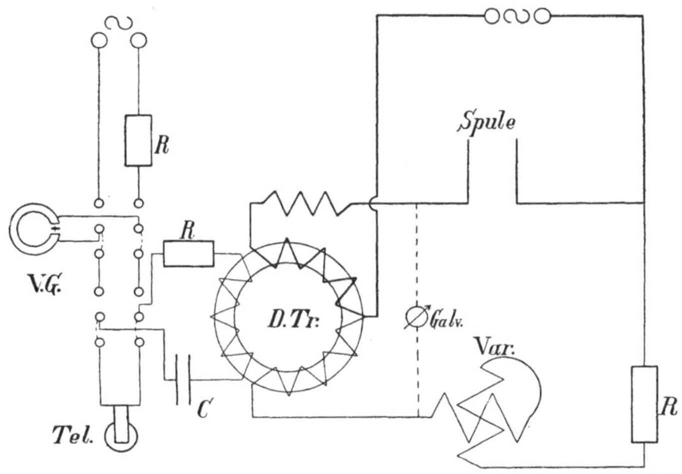

Fig. 3. Schaltungsschema der Versuchsanordnung.

der Kreis des Telephons oder des Vibrationsgalvanometers als Reagens für das Verschwinden des Kraftflusses im Differentialtransformator, zur Erhöhung der Empfindlichkeit mit Kondensator C auf Resonanz abgeglichen.

In dem Schema sind der Übersichtlichkeit wegen weggelassen: ein kleines aus zweimal 7 Windungen bestehendes Variometer zur Kompensation der Selbstinduktion der Leitungen, ein ähnliches zur Abgleichung des Transformators in sich selbst, ein Umschalter zu diesem Zweck und die Schaltung der Maschinen.

Die im Verlauf der Untersuchungen notwendigen Widerstandsmessungen, soweit sie sich auf kleine Widerstände bezogen, wurden mittelst der Hausrathschen Methode der Doppelabgleichung mit Differentialgalvanometer ausgeführt[1]).

Der Gang einer Messung ist nun folgender: Nach genügender Anwärmung mit Gleichstrom wurden Transformator und Leitungen für sich abgeglichen, sodann nach Einschalten der Spule sukzessive Widerstand und Selbstinduktion variiert, bis die Reaktion verschwand. Der eingestellte Wert des Variometers, durch das Übersetzungsverhältnis dividiert, gibt ohne weiteres die gesuchte Größe.

Es scheint zunächst nicht möglich, die Selbstinduktion einer in Eisen gebetteten Spule durch ein Variometer ohne Eisen zu kompensieren, ohne jener Spule einen Widerstand vorzuschalten; die hier in Frage kommenden Spulen besitzen jedoch erstens einen im Vergleich zu Selbstinduktion großen Widerstand, während das Variometer mit bei bestimmtem Widerstand größtmöglicher Selbstinduktion gebaut war, zum andern bedingt die Transformation einen um das u-fache größeren Widerstand im Variometerzweig.

Die Kontrolle des Übersetzungsverhältnisses u geschah indirekt, wie folgt. Nach vollständiger Abgleichung des Transformators in sich selbst wurde ein auf Holz gewickelter, aus 0,2 mm dicken, parallel geschalteten Manganindrähten bestehender Widerstand, der bei niedrigen Frequenzen unbedingt induktions-, kapazitäts- und skineffektfrei betrachtet werden kann, in den Starkstromzweig, und parallel geschaltete Präzisionswiderstände in den Schwachstromkreis gebracht. Durch Anlegen eines Galvanometers an die Klemmen des Transformators (s. die gestrichelten Linien in Fig. 3) konnte die Schaltung in eine Wheatstonesche Brücke verwandelt und damit festgestellt werden, daß die Wechselstrom- und Gleichstromeinstellungen bei hohen Periodenzahlen bis auf $^1/_2\,^0/_0$, und bei niedrigen genau identisch wurden. Das wirkliche Widerstandsverhältnis, welches also gleich dem Übersetzungsverhältnis ist, wurde dann mit Normalwiderständen in Petroleum, die an Stelle des Transformators eingeschaltet wurden, bestimmt. Bei verschiedenen Stromstärken und Periodenzahlen ergaben sich Diffe-

---

[1]) Voit, Sammlung elektrotechnischer Vorträge 1905, Bd. VII.

renzen des Übersetzungsverhältnisses bis zu 2 pro Mille. — Diese indirekte Methode mußte deshalb angewendet werden, weil die vorhandenen Normalwiderstände bei Wechselstrom ihren nominellen Wert nicht besitzen.

Das Übersetzungsverhältnis wurde im Verlauf der Messungen gelegentlich durch Vergleich des Variometers mit einem Normal kontrolliert.

Die Empfindlichkeit, definiert durch die Änderung der Selbstinduktion, die im Telephon bzw. Vibrationsgalvanometer eine eben merkliche Reaktion hervorruft, ist in Fig. 4 in Abhängigkeit von der Periodenzahl aufgetragen. Zum Vergleich ist

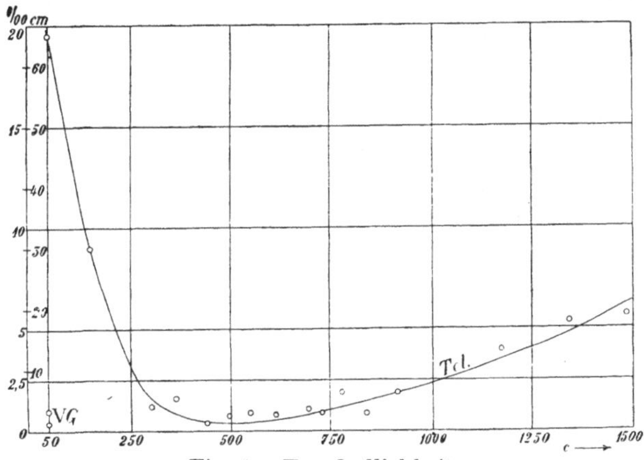

Fig. 4. Empfindlichkeit.

neben den Änderungen der Selbstinduktion in pro Millen deren absolute Größe in Zentimeter angeschrieben. Die einzelstehenden Punkte für 50 Perioden gelten für das Vibrationsgalvanometer mit 100 Ohm Vorschaltwiderstand (190 Ohm im ganzen) und ohne Vorschaltwiderstand. Bemerkenswert ist, daß die Empfindlichkeit nicht mit dem Quadrat der Periodenzahl zunimmt, sondern in der Nähe des Eigentons des Telephons ein Maximum hat[1]). Das Empfindlichkeitsmaximum des Telephons an sich lag bei ca. 430 Perioden, ein zweites, weniger ausgeprägtes etwas höher.

[1]) M. Wien, Drudes Annalen 1901, Bd. IV, S. 454.

Ersichtlichermaßen ist die Empfindlichkeit beträchtlich und übersteigt die bei technischen Messungen übliche bedeutend. Die eigentlichen Meßfehler treten daher bei allen Messungen gegenüber anderen Unsicherheiten durchaus zurück.

Schwankungen der Empfindlichkeit sind bedingt durch störende Nebengeräusche, wie der im gleichen Raum befindlichen Maschinen, beim Vibrationsgalvanometer durch unvollkommene Resonanz.

Der Richtigkeit der Resultate steht jedoch bei den kleinen S. I. K., um die es sich hier handelt, der Umstand im Wege, daß die Dimensionen der Spulen bisweilen nicht genügend veränderlich sind. Es muß deshalb bei allen Messungen eine Fehlergrenze bis zu einigen Prozenten mit in Kauf genommen werden. Die beobachteten Differenzen durch unkontrollierbare Änderung der Dimensionen sind gelegentlich im folgenden angegeben. Bei der Vorausberechnung von Maschinen ist auch eine Genauigkeit von beiläufig 5% vollkommen ausreichend.

Als Maß für die Richtigkeit der Messungen diene ein Vergleich mit der Berechnung von Kreisspulen.

Sei:

die Windungszahl . . . . w
der mittlere Windungsradius in cm . . r
Durchmesser des isolierten Drahtes in mm Δ
„ „ nackten „ in mm d
die Wicklungsbreite in cm . . . . . . b
die Wicklungshöhe in cm . . . . . . h

y_1 und y_2 von $\frac{b}{h}$ abhängige Größen,

so ist der S. I. K. unter Berücksichtigung der Isolation nach Maxwell mit der Korrektion von Stefan:[1])

$$L = 4\pi r w^2 \left[\left(1 + \frac{3b^2 + h^2}{96 r^2}\right) \log\text{nat} \frac{8r^2}{\sqrt{b^2 + h^2}} - y_1 + y_2 \frac{b^2}{16 r^2}\right]$$

$$+ 4\pi r w \left(\log\text{nat} \frac{\Delta}{d} + 0{,}155\right) \text{cm.} \quad (1)$$

---

[1]) Maxwell, El. u. Magn. II. 693, S. 407 und Stefan, Sitz-Ber. der Wiener Akademie 1883, S. 1211; Kohlrausch, Lehrbuch der pr. Physik 10. Aufl., S. 605.

(das Glied $\frac{3b^2 + h^2}{96 r^2}$ kann bei relativ großem Windungsdurchmesser vernachlässigt werden).

Beispiel 1.

$w = 9$ $r = 10{,}3$ $b = h = 1{,}2$ $\Delta = 0{,}4$
$d = 0{,}3$ (Litze aus 57 Drähten)

Messung:

$J = 7{,}5$ Amp. $c = 690$ $L = 32800$ cm.

Rechnung:

$L = 32500$ cm

Differenz: 1%.

Beispiel 2.

$w = 6$ $r = 9{,}9$ $b = 1{,}2$ $h = 0{,}2$ $\Delta = 0{,}2$
$d = 0{,}16$ (massiver Draht).

Die Zulässigkeit der Korrektion für Isolation ist hier unsicher, da die Wicklung aus nur einer Lage besteht.

Messung:

$J = 3{,}5$ Amp. $c = 690$ $L = 16500$ cm.

Rechnung:

$L = 16100$ cm

Differenz: 2,5%.

Die Übereinstimmung ist hinreichend, wenn auch nicht ideal, was daher rühren mag, daß die Spulen nicht genügend sorgfältig hergestellt waren. Übrigens ist auch bei der Herstellung von Normalspulen die Beobachtung gemacht worden, daß die wirklichen Werte für die Selbstinduktion größer waren, als die vorausberechneten, so daß bei der Abgleichung Windungen abgenommen werden mußten.[1])

Orientierende Messungen.

Zur Orientierung über den Einfluß des Magnetgestells und der Superposition von Erreger- und Ankerfeld über das Wechselfeld der betrachteten Spule wurde zunächst eine Wende-

[1]) Orlich, ETZ 1903, S. 504.

polmaschine der E. A. G. Lahmeyer untersucht. Die in Frage kommenden Hauptdaten sind folgende:

Leistung 4,5 PS	
Polpaarzahl p	$= 2$
Tourenzahl n	$= 375$—1050
Periodenzahl der Kommutation c	$= 160$—447
Ankerdurchmesser D	$= 29$ cm
Luftzwischenraum δ	$= 0{,}3$ cm
Ankerlänge l	$= 10{,}5 + 1$ cm
Ideelle Ankerlänge l_i	$= 11$ cm

Joch und Wendepole massiv, Magnetschenkel und Polschuhe lamelliert.

Wicklung: Reihenschaltung.

Stabzahl N	$= 1272$ (je 2 parallel)	
Wicklungsschritte	$y_1 = y_2 = 79$	
Nutenzahl Z	$= 53$	
Lamellenzahl K	$= 159$	$\frac{K}{2p}$ keine ganze Zahl
Drähte	$= 1{,}4/1{,}8$ mm	

Eine Spule besteht demnach aus zwei Windungen.

Die Anordnung in der Nut und deren Dimensionen zeigt Fig. 5.

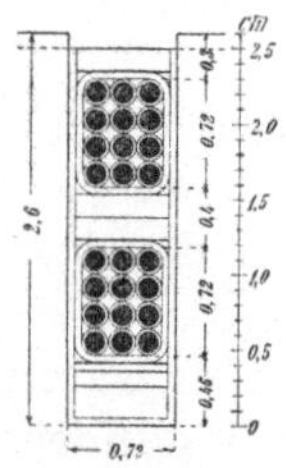

Fig. 5. Nut der Wendepolmaschine.

Eine Spule wurde vom Kollektor gelöst und die entsprechenden Lamellen durch einen Manganindraht von ungefähr gleichem Widerstand verbunden. Die Glimmerschichten zwischen den Lamellen wurden willkürlich nummeriert und auf einen feststehenden Zeiger eingestellt. Die Unsicherheit dieser Einstellung bewirkt in den folgenden Resultaten einige Abweichungen. Für den durch die Spule fließenden Strom war

$$J = 8 \text{ Amp.} \qquad c = 700.$$

Die Abhängigkeit der Selbstinduktion von der Lage der Spulenseiten im Feld ist in Fig. 6 aufgezeichnet. Die Andeutung der aufgenommenen Werte erübrigt eine tabellarische Zusammenstellung. Ferner ist zum Vergleich die Selbstinduktion bei entferntem Magnetgestell angegeben (Anker in Luft). Der Nullpunkt der Skala ist wegen Raumersparnis unterdrückt.

Es ist zunächst zu bemerken, daß der S. I. K. durch massive Wendepole erhöht wird, und trotzdem, wenn auch nur wenig, kleiner ist, als bei Nichtvorhandensein des Gestells. Da die

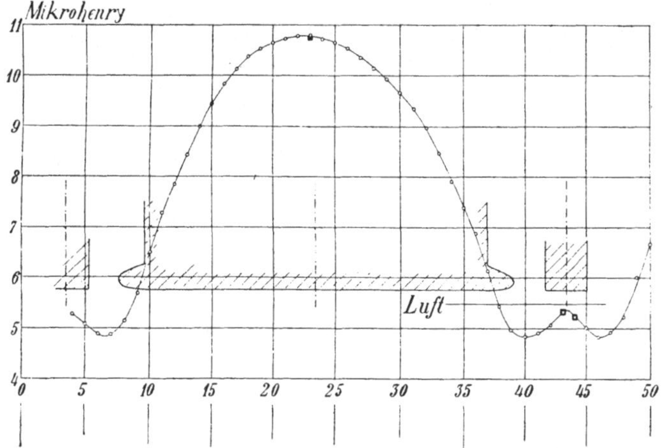

Fig. 6. Abhängigkeit des S. I. K. von der Lage der Spulenseiten.

Hauptpolschuhe schräg zur Achsenrichtung abgeschnitten sind, ist unter der Polmitte ein ausgesprochenes Maximum zu erkennen.

Bei Kurzschluß der Haupt- und Wendepolwicklungen wurden die **ausgefüllten** Punkte erhalten, demnach geht noch ein Teil

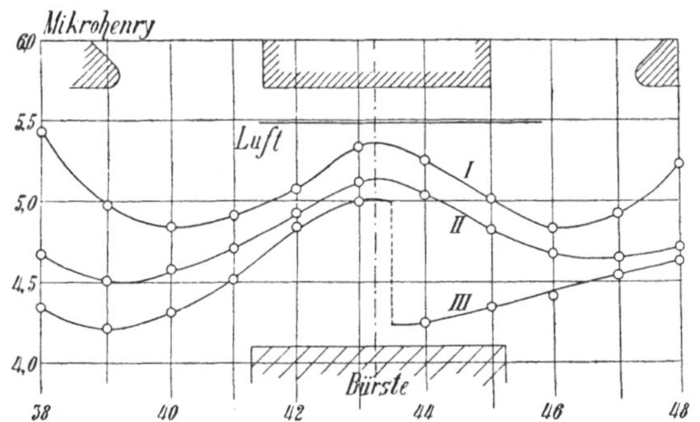

Fig. 7. Einfluß von Gleichstromfeldern auf den S. I. K.

des Kraftflusses der Spule durch die lamellierten Nebenschlußpole, er dringt jedoch in die Wendepole nicht ein. (Auf die Stärke der Abdämpfung hat übrigens auch der Widerstand der

Wicklung, der bei den Nebenschlußpolen im allgemeinen groß ist, Einfluß, was schon früher im hiesigen Institut nachgewiesen wurde.)[1])

Da uns lediglich die neutrale Zone näher interessiert, sind in Fig. 7 die folgenden Fälle dargestellt. (Auch hier ist der untere Teil der Skala weggelassen.)

Erregung.

	Hauptfeld	Wendefeld	Ankerfeld
I.	0	0	0
II.	normal (3,3 Amp.)	0	0
III.	,, ,,	normal ←	33 Amp. → normal

Die Messungen wurden auch mit den 3 Feldern einzeln angestellt, der Klarheit wegen ist jedoch auf die Wiedergabe verzichtet, da alle Werte zwischen die Kurven I und III fallen.

Die Unstetigkeit der Kurve III und die Verkleinerung des S. I. K. innerhalb der Bürstenbreite rührt von der Dämpfung durch die von der Bürste kurzgeschlossenen Spulen her, die nicht zu umgehen ist, da der Ankerstrom durch die Bürsten zugeführt werden mußte. Ferner ist der geradlinige Verlauf bei zunehmender Entfernung der kurzgeschlossenen Spulen bemerkenswert.

Es ist unmöglich, diese Dämpfung exakt zu eliminieren, da sie in hohem Maße vom Übergangswiderstand unter der Bürste abhängt, welcher bei ruhendem Kollektor und belasteten Bürsten nicht genügend definiert ist. Es wurde bei unerregter Maschine versucht, durch Unterlegen der unbelasteten Bürsten mit Stanniol den Widerstand bei Belastung annähernd herzustellen. Dabei stieg die Dämpfung in der Stellung 41,5 (Wendepolkante, Spulen der benachbarten Nut kurzgeschlossen) von 2,3 % auf 11,4 % und in Stellung 45 (Wendepolkante, Spulen derselben Nut kurzgeschlossen) von 2,3 % auf 43 %. Die Stanniolunterlage bewirkte demnach einen kleineren Übergangswiderstand, als er bei Belastung der Bürsten vorhanden ist, sodaß die in Kurve III sichtbare Dämpfung zwischen den obigen Grenzen liegt, also bei Abwesenheit von Dämpfung Kurve III mit Kurve I in der

---

[1]) S. a. Gallusser, Kommutationsverhältnisse usw., Voit, Sammlung elektrotechn. Vorträge, Bd. III, Heft 10/11.

neutralen Zone zusammenfallen würde. Es ist deshalb zweifellos anzunehmen, daß das Ankerfeld und das Erregerfeld sich derart kompensieren, daß ihr Einfluß auf den S. I. K. in der neutralen Zone verschwindet.

Bei herausgenommenen Wendepolen ergab sich Fig. 8.

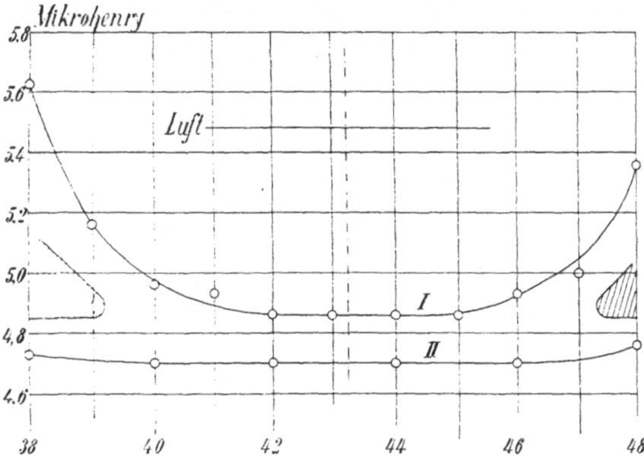

Fig. 8. Einfluß des Erregerfeldes auf den S. I. K.

Kurve I bei unerregtem Feld,
Kurve II bei normal erregtem Feld,
$c = 700$

welche an sich nichts Neues bietet. Es bestätigt sich jedoch die mehrfach ausgesprochene Annahme, daß auch hier der S. I. K. bei hohen Frequenzen kleiner ist (um ca. $13\,^0/_0$), als wenn sich der Anker in Luft befindet, sobald das Joch massiv ist. Fig. 9 zeigt die Abhängigkeit des S. I. K. von der Periodenzahl bei verschiedenen Lagen der Spulenseiten, und zwar

Kurve I unter dem Hauptpol,
Kurve II in der Lücke zwischen Haupt- und Wendepolen,
Kurve III an derselben Stelle, jedoch ohne Wendepole,
Kurve IV Anker aus dem Magnetgestell entfernt.

Die Punkte sind aus Versuchen zusammengetragen, zwischen denen einige Wochen liegen, was wir besonders betonen, um den Grad der wirklich erreichten Genauigkeit zu kennzeichnen. Die Werte um 1700 Perioden sind durch Abgleichen auf die zweite Harmonische erhalten.

Die Abnahme des S. I. K. in Luft (Kurve IV) ist bei

dieser Maschine relativ groß gegenüber der bei gewöhnlichen Maschinen vorhandenen, da der Anker 2 mm dicke Endbleche besitzt und außerdem die Stirnverbindungen von 0,7 cm dicken Gußringen getragen werden.

Kurve III zeigt, wie der durch das massive Joch verlaufende Fluß mit zunehmender Periodenzahl gedämpft wird, so daß bei 150 Perioden der Wert in Luft erreicht wird, und

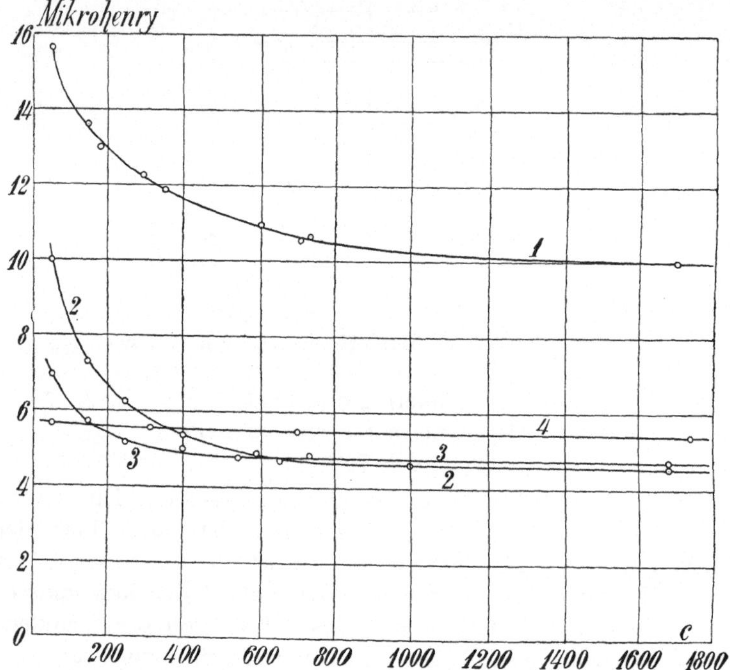

Fig. 9. Abhängigkeit des S. I. K. von der Periodenzahl.

daß die Dämpfung bei höheren Frequenzen ungefähr konstant 13 % kleiner gegenüber Luft ist. Die Wendepole (Kurve II) erhöhen bei niederen Frequenzen den Kraftfluß, um ihn bei 360 Perioden auf den Wert in Luft und bei 650 Perioden auf den ohne Wendepole herabzudämpfen. Weiter sehen wir eine Unterschreitung dieses Wertes, was durch eine Rückwirkung der in den Wendepolen induzierten Wirbelströme und durch Dämpfung in dem massiven Joch zu erklären ist.

Nachdem so festgestellt ist, daß die Superposition von Gleichstromfeldern in der neutralen Zone die Selbstinduktion minimal beeinflußt, und bei einander entgegenwirkenden Feldern eine Änderung kaum nachweisbar ist, können wir an die Aufgabe herantreten, die einzelnen Leitfähigkeiten, welche für den S. I. K. maßgebend sind, für sich zu betrachten, nämlich die Leitfähigkeit λ_s der von Luft umgebenen Stücke, die Leitfähigkeit λ_k für die aus dem Anker austretenden Induktionsröhren, und schließlich die Leitfähigkeit λ_n für den durch die Nut verlaufenden Kraftausfluß.

(Eine weitergehende Trennung mit Berücksichtigung von Bandagen, verschiedenen Polschuhformen usw., war zuerst beabsichtigt, wurde aber aufgegeben, da sie neben den sich ergebenden Unsicherheiten zwecklos erscheint.)

Die Leitfähigkeit λ_s der Stirnverbindungen.

Die Berechnung von λ_s beruht auf der Annahme, daß diese Größe sich durch das Einbetten der übrigen Teile einer Spule in Eisen nicht ändert, also wie für eine vollständig in Luft befindliche Spule gerechnet werden darf.[1]) Wir werden später die Zulässigkeit dieser Annahme beweisen.

Tabelle 2.
Vergleich berechneter und gemessener Werte von Rechteckspulen.

Nr.	Material	w	a	b	α	β	Δ	δ	r_0	$L_{ber.}$	$L_{gem.}$	Diff.	Bemerkung
1	Kupferlitze	16	16,1	16,1	1,1	1,1	0,3	0,15		92045	93400	+1,5 %	In d. Schabl. gemessen
											91600	—0,4 %	Aus der Schablone.
2	Kupferdraht	16	16,6	16,6	1,3	1,3	0,3	0,2		89940	90100	0,18 %	
3	Kupferlitze	9	15,85	15,85	0,85	0,85	0,3	0,15		31570	31774	1,6 %	
4	„	1	179,85	81,65	—	—	0,4	0,3	0,1165	6690	6720	0,5 %	
5	Manganindr.	2	31,42	20,42	0,22	0,11	1,1	0,8		4170	4199	0,7 %	Ohne Korrektion für Isolation.
6	„	2	20,42	20,42	0,22	0,11	1,1	0,8		3290	3284	0,2 %	

---

1) E. Arnold, Die Gleichstrommaschinen I. 2. Aufl. S. 376.

Die aus der Formel von Neumann abgeleitete bekannte Formel für die Selbstinduktion eines im Rechteck gebogenen Leiters[1]) gilt exakt nur für eine Windung. Bei mehreren Windungen ist die oben (S. 10) erwähnte Maxwell-Stefansche Korrektion wohl auch hier anwendbar, da sie nur von der gesamten Drahtlänge abhängig ist. Tabelle II enthält eine Zusammenstellung einiger gemessenen und berechneten Werte von Rechteckspulen in absoluten Einheiten nebst den Differenzen in Prozent.

Es bezeichnen

a und b die mittleren Seitenlängen in cm,

α und β die Breite und Höhe des Spulenquerschnittes in cm (Breite in der Spulenebene gemessen),

r_0 den mittleren geometrischen Abstand des Kupferquerschnitts von sich selbst.[2])

Im übrigen sind die Bezeichnungen wie bei den Kreisspulen (S. 10). Die Übereinstimmung von Rechnung und Versuch ist hier aus nicht ohne weiteres ersichtlichen Gründen noch besser als bei den Kreisspulen.

Die allgemein ableitbaren Korrektionswerte[3]), die an den Formeln der Praxis anzubringen sind, werden durch die Berücksichtigung der Isolation etwas modifiziert.

Tabelle 3. Vergleich verschieden berechneter λ_s.

Nr.	1	2	3	4	5	6	$a:b$
1	0,561	0,558	0,526	0,534	0,547	0,565	1 : 1
2	0,530	0,529	0,498	0,508	0,520	0,539	1 : 1
3	0,619	$0,614_5$	0,574	0,584	$0,595_5$	0,624	1 : 1
4	1,285	1,280	1,195	1,234	1,172	—	2 : 1
5	1,011	1,005	1,010	1,01	1,008	—	1,5 : 1
6	1,006	1,008	0,953	$0,962_5$	0,974	$0,993_5$	1 : 1

Mittlere Korrektion + 5,3 % + 3,8 % + 3,4 %.

Tabelle 3 enthält in:

Kol. 1 den gemessenen Wert

$$\lambda_s = \frac{L\,(\mathrm{cm})}{2\,w^2\,(a+b)\cdot 10}$$

[1]) Sumec, ETZ 1906, S. 1175.

[2]) Maxwell, El. u. Magn. II.

[3]) Sumec, l. c.

Kol. 2 den Wert aus der genauen Formel:[1])

$$\lambda_s = \frac{1}{2(a+b)\cdot 10}\cdot\Bigg[9{,}2\Bigg(a\log\frac{a\,b}{(\alpha+\beta)_a\left(\sqrt{a^2+b^2}+a\right)}$$

$$+\,b\log\frac{a\,b}{(\alpha+\beta)_b\left(\sqrt{a^2+b^2}+b\right)}\Bigg)+8\sqrt{a^2+b^2}$$

$$+\,0{,}757\,(a+b)+0{,}894\left[(\alpha+\beta)_a+(\alpha+\beta)_b\right]$$

$$+\,2\frac{1}{w}(a+b)\left[\log\mathrm{nat}\frac{\Delta}{\delta}+0{,}155\right]\Bigg] \quad \ldots\ldots \quad (2)$$

Kol. 3 nach Arnold:

$$\lambda_s = 0{,}46\left(\log\frac{l_s}{d_s}-0{,}2\right)^{2)} \qquad l_s = a+b, \quad d_s = \frac{2(\alpha+\beta)}{\pi}$$

Kol. 4 nach der Sumecschen Modifikation der Arnoldschen Formel, da $\log\frac{\pi}{2}\simeq 0{,}2$: $\lambda_s = 0{,}46\log\frac{l_s}{\alpha+\beta}$ [1]) . . . . (3)

Kol. 5 nach Wittek, modifiziert nach Sumec:[1])

$$\lambda_s = \frac{0{,}46}{a+b}\left(a\log\frac{b}{(\alpha+\beta)_a}+b\log\frac{a}{(\alpha+\beta)_b}\right)+\frac{0{,}15}{a+b}$$

Kol. 6:

$$\lambda_s = 0{,}46\log\frac{1{,}17\,l_s}{\alpha+\beta} \quad \ldots\ldots \quad (4)$$

Bei $a:b = 1{,}5:1$ ist die Übereinstimmung am besten, worauf auch Sumec hinweist.

Angesichts der kleinen Differenzen gegen den wirklichen Wert wird man der Formel (3) wegen ihrer Einfachheit überall da den Vorzug geben, wo der Querschnitt der Spulenseiten über die ganze Stirnlänge derselbe bleibt, also beispielsweise bei Gleichstrommaschinen mit einfach gebogenen Spulenköpfen. Ferner ist sie in ähnlicher Form für die Berechnung des G. I. K. verwendbar (s. u.). Im übrigen sollen die von Sumec beleuchteten Tatsachen hier nicht wiederholt werden.

Will man die geringe Komplikation der Formel 4 in den

---

[1]) Sumec, l. c.

[2]) Arnold, l. c. S. 375.

Kauf nehmen, so erhält man mit ihr für einfach gebogene Spulenköpfe noch genauere Werte. Bei den folgenden Rechnungen ist Formel 4 verwendet worden.

Die Leitfähigkeit λ_g von glatten Ankern und die Leitfähigkeit λ_k des Zahnkopfstreuflusses.

Definiert man λ_g als die Leitfähigkeit für den Kraftfluß sämtlicher Induktionsröhren, die aus dem Anker austreten, so setzt sie sich zusammen aus zwei Teilen. Der eine bezieht sich auf die auf dem Eisen des Ankers aufliegenden Spulenteile, der andere entspricht dem Flusse, den die Stirnverbindungen durch das Ankereisen senden. Wenn dieser letzte Fluß verschwindend klein gegenüber dem Gesamtfluß ist, was zutrifft, wenn die Entfernung der Stirnverbindungen vom Anker genügend groß ist, dann können die Leitfähigkeiten λ_g und λ_k einfacher berechnet werden. Die folgenden Messungen geben hierüber Aufschluß.

Der S. I. K. einer flachen rechteckigen Spule wurde zunächst in Luft, dann wie die Spule eines glatten Ankers auf einem ungekrümmten lamellierten Blechpaket von 9,8 cm Dicke gemessen. Ebenso die einer solchen, deren längere Seite a um die Dicke des Blechpaketes kürzer war, die also die Stirnverbindungen für sich vorstellt. Die Entfernung der Stirnverbindungen von dem Eisenkörper war praktischen Verhältnissen entsprechend gewählt, wie die unten angegebenen Dimensionen zeigen. Die Eisenoberfläche entspricht Äquipotentialflächen des Kraftflusses der auf ihr liegenden Stücke. Demnach wird dieser Kraftfluß durch das Eisen, falls dessen Stärke in der Achsenrichtung der Spule genügend groß ist, verdoppelt. Wenn die Stirnverbindungen keinen wesentlichen Fluß durch das Eisen senden, dann gilt also:

$$\frac{L_E - L_S}{L_L - L_S} = 2,$$

wo L_E der S. I. K. auf Eisen.
L_L der S. I. K. in Luft.
L_S der S. I. K. der Stirnverbindungen.

Wirkt jedoch das Eisen auch verstärkend auf den Kraftfluß der Stirnverbindungen, dann ist das Verhältnis größer als 2.

Die folgenden Messungen wurden an einer Spule von zehn Windungen angestellt, von welcher sukzessive eine äußere Windung abgenommen wurde.

Wir geben in Tabelle 4 zunächst die Maße der Spulen, die nach Formel (2) (S. 19) berechneten, zuletzt die in Luft gemessenen Werte in Mikrohenry.

Tabelle 4. Flache Spule 10—2 Windungen in Luft.

w	a	b	α	β	L_{ber}	Korr.	L_{corr}	L_{gem}
10	21,0	10,0	0,2	2,0	32,0	0,476	32,476	32,92
9	20,8	9,8	0,2	1,8	26,3	0,421	26,721	27,33
8	20,6	9,6	0,2	1,6	21,18	0,369	21,55	22,11
7	20,4	9,4	0,2	1,4	16,63	0,318	16,95	17,39
6	20,2	9,2	0,2	1,2	12,53	0,269	12,8	13,02
5	20,0	9,0	0,2	1,0	8,96	0,221	9,18	9,49
4	19,8	8,8	0,2	0,8	5,97	0,174	6,144	6,35
3	19,6	8,6	0,2	0,6	3,50	0,128	3,628	3,88
2	19,4	8,4	0,2	0,4	1,65	0,084	1,735	1,99

Die Differenz zwischen den berechneten und beobachteten Werten nimmt hier von $3\,^0/_0$ bei 10 Windungen auf $14\,^0/_0$ bei 2 Windungen zu. Der Grund liegt darin, daß die Dimensionen durch das Abnehmen der Windungen sich änderten. Ferner stellen die letzten Spulen die Grenzen der Meßbarkeit vor (2000 cm), da ihre Selbstinduktion die der Zuleitungen nur wenig übertrifft. Die angegebenen Dimensionen sind der Wicklungsschablone entnommen; eine Nachmessung zeigte andere Werte. Da der Vergleich mit der Rechnung uns hier weniger interessiert, wurde auf eine Nachrechnung verzichtet.

Die wie oben erhaltenen Werte für die Stirnverbindungen allein in Mikrohenry zeigt Tabelle 5.

Hier ist die Übereinstimmung besser, da mehr Sorgfalt auf die Herstellung der Spule verwendet wurde und die Größen a, b, α, β an der Spule selbst gemessen wurden.

Tabelle 5. Flache Spulen (Stirnverbindungen) in Luft.

w	a	b	α	β	L_{ber}	Korr.	L_{corr}	L_{gem}
10	11,2	10,1	0,2	2,2	19,95	0,32	20,27	19,83
9	11,0	9,9	0,2	2,0	16,34	0,25	16,59	16,25
8	10,8	9,7	0,2	1,8	13,10	0,20	13,30	$12{,}93_5$
7	10,6	9,5	0,2	1,6	10,20	0,15	10,35	10,08
6	10,4	9,3	0,2	1,4	7,65	0,108	7,758	7,728
5	10,2	9,1	0,2	1,2	$5{,}45_5$	0,073	5,528	5,585
4	10,0	8,9	0,2	1,0	3,610	0,046	3,356	3,774
3	9,8	8,7	0,2	0,8	2,12	0,025	2,147	2,322

Wir stellen nun in Tabelle 6 die Werte L_E, L_L und L_S zusammen, bilden die Differenzen $L_E - L_S$ und $L_L - L_S$ und den Quotienten

$$\frac{L_E - L_S}{L_L - L_S}$$

Tabelle 6. Flache Spulen auf Eisen. $c = 700$.

w	L_{Luft}	L_{Eisen}	L_{Stirn}	$L_{Eisen} - L_{Stirn}$	$L_{Luft} - L_{Stirn}$	Quotient
10	32,92	47,30	19,83	27,47	13,09	2,10
9	27,33	39,06	16,25	22,81	11,08	2,05
8	22,11	31,85	$12{,}93_5$	$18{,}91_5$	9,175	2,06
7	17,39	24,66	10,08	14,58	7,31	1,983
6	13,02	18,64	7,728	10,912	5,292	2,06
5	9,49	13,29	5,585	7,705	3,905	$1{,}97_5$
4	6,35	8,886	3,774	5,112	2,576	1,99
3	3,88	5,207	2,322	2,885	1,558	1,855
2	1,99	2,62	1,18	1,44	0,81	1,78
					Mittel =	1,984

Der Wert für 2 Windungen in Kol. 4 ist extrapoliert. Bilden wir aus den Werten der letzten Kolonne das Mittel, so erhalten wir

$$\frac{L_E - L_S}{L_L - L_S} = 1{,}984 \sim 2.$$

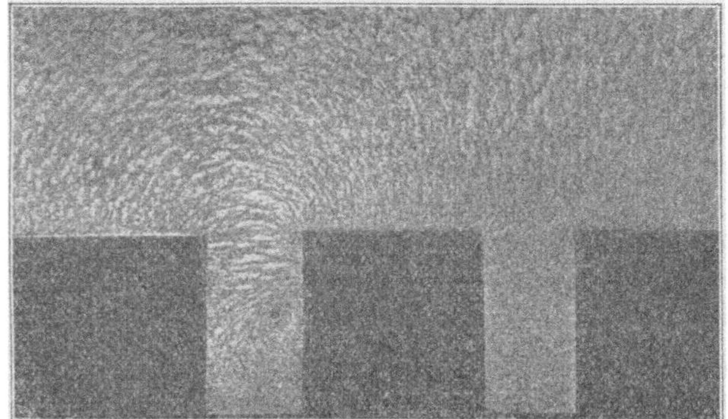

Fig. 10 a.

Fig. 10 b.

Trotzdem also die Entfernung der Stirnverbindnngen vom Eisenkörper nur wenig mehr als das Doppelte ihrer eigenen Breite betrug, so ist der von ihnen durch das Eisen gesandte Fluß doch nicht nachweisbar. Es ist nicht anzunehmen, daß die bei größerer Breite β ($w = 8$—10) gemessenen Werte, die größer als 2 sind, dem Einfluß des Eisens auf den Fluß der Stirnverbindungen zuzuschreiben sind, da die lichte Weite der Spule konstant blieb; dieselben sind vielmehr Dimensionsänderungen zuzuschreiben. Der vom Mittel erheblich abweichende Wert 1,78 für $w = 2$ ist infolge der kleinen ihn bestimmenden S. I. K. K. (ca. 2000 cm) unsicher.

Wir können nun dazu übergehen, die auf Eisen liegenden Teile für sich zu betrachten.

Die beiden umstehenden Kraftlinienbilder zeigen, daß die Form des außerhalb des Ankers liegenden Feldes ziemlich genau dieselbe ist, ob der Leiter in der Nut (Fig. 10a) oder als flaches Stromband am oberen Ende der Nut (Fig. 10b) sich befindet. Die Leitfähigkeit λ_k wird demnach der Leitfähigkeit der äußeren, d. h. der den ganzen Leiter umschlingenden Induktionsröhren des Strombandes gleichgesetzt werden dürfen. Es ist jedoch folgendes zu beachten. Um aus Versuchsresultaten einen richtigen Schluß zu ziehen, muß die Annahme gelten, daß das gesamte Feld, nämlich auch der Teil, dessen Induktionsröhren nur teilweise den Leiter umschlingen, durch die Anwesenheit von Eisen auf den doppelten Wert gebracht wird. Es wäre daher unrichtig, die Selbstinduktion eines am oberen Nutende gelegenen Leiters zu bestimmen, sondern der Leiter muß auf einer glatten Ankerfläche liegen. Denn wie aus Fig. 10b ersichtlich, verlaufen innerhalb der Nut noch Induktionsröhren, die den Luftwiderstand zu überwinden haben.

Der experimentelle Weg, den wir zu beschreiten haben, ist folgender: wir messen eine flache Spule in Luft und bringen sie dann wie oben auf Eisen. Seien die gemessenen Werte in cm L_L und L_E, dann ist

$$\lambda_g = \frac{2\,(L_E - L_L)}{2\,w^2\,l \cdot 10} = 0{,}1\,\frac{L_E - L_L}{w^2\,l} \quad . \quad . \quad . \quad . \quad . \quad (5)$$

Den Übergang auf λ_k werden wir unten ausführen.

Anm. Es wäre nicht angängig, etwa ein blankes Kupferband

auf die Eisenfläche zu legen, da die Wirbelströme in Eisen am Rande austreten und sich durch das Kupfer schließen könnten.

Trotz der obenerwähnten Differenzen der gemessenen Werte gegenüber den berechneten, können wir jene in diesem Falle benutzen, da event. Fehler bei der Differenzbildung herausfallen und es nur auf die auf Eisen liegenden Teile ankommt.

Zur Untersuchung des Einflusses der Krümmung wurden die Messungen außer an der obenerwähnten geraden Eisenfläche ($p = \infty$) an einem Blechpaket von 31,8 cm Durchmesser ($p = 5$) und 10 cm Dicke, sowie einem solchen von 13 cm Durchmesser ($p = 2$) und 9,4 cm Dicke (mit Isolation) angestellt. $c = 700$. Die Entfernung der Spulenseiten im ungekrümmten Zustande war in allen Fällen ebenso, wie in Tabelle 4 angegeben. Der S. I. K. der 3 dazu verwendeten Spulen, wie sie aus der Schablone kamen, war

32,9, 32,0 und 31,9 Mikrohenry.

Tabelle 7 enthält

1. die Windungszahl der Spulen,
2. den S. I. K. der Spulen in Luft für gerade Fläche ($p = \infty$)
3. „ S. I. K. „ „ „ „ „ schwach gekrümmte Fläche ($p = 5$),
4. dito für stark gekrümmte Fläche ($p = 2$),
5. den S. I. K. auf Eisen für $p = \infty$,
6. „ S. I. K. „ „ „ $p = 5$,
7. „ S. I. K. „ „ „ $p = 2$,
8. die Leitfähigkeit für glatten Anker, berechnet aus Formel (5) für $p = \infty$,
9. dito für $p = 5$,
10. dito für $p = 2$.

Es ist nun außerordentlich befremdend, daß λ_g bei zunehmender Krümmung nicht, wie wegen des abnehmenden Abstandes der Spulenseiten erwartet, kleiner, sondern größer erhalten wird, während die in Luft gemessenen Werte eine stetige Abnahme zeigen, was zugleich ein Beweis für ihre Richtigkeit ist, da je ein Wert der Kolonne 5, 6, 7 zwischen den entsprechenden der Kolonne 2, 3, 4 bestimmt wurde. Wir müssen die Differenzen also der verschiedenen magnetischen und elektrischen Leitfähigkeit der benutzten Eisenkörper zuschreiben.

Tabelle 7. λ_g für verschiedene Ankerdurchmesser.

w	L_{Luft}			L_{Eisen}			λ_g			λ_g	$\frac{\tau}{(\alpha+\beta)}$
	$p=\infty$	$p=5$	$p=2$	$p=\infty$	$p=5$	$p=2$	$p=\infty$	$p=5$	$p=2$	mittel	
10	32,92	$31{,}57_5$	31,24	47,30	48,225	46,80	1,466	1,665	1,656	1,594	4,54
9	27,33	26,20	25,82	39,06	39,71	38,47	1,48	1,67	1,665	1,61	4,9
8	22,11	21,09	20,86	31,85	31,64	31,38	1,55	1,65	1,75	1,652	5,33
7	17,39	16,68	16,42	24,66	24,89	24,40	1,52	$1{,}67_6$	1,732	1,64	5,875
6	13,02	12,54	12,37	18,64	18,52	18,42	1,597	$1{,}66_2$	1,788	1,68	6,57
5	9,49	9,07	$8{,}97_5$	13,29	$13{,}13_5$	13,13	1,556	1,627	1,77	1,652	7,5
4	6,35	6,10	$6{,}05_3$	8,886	8,921	8,850	1,617	1,765	1,86	1,746	8,8
3	3,88	$3{,}63_5$	3,63	5,207	5,141	5,148	1,496	1,675	$1{,}79_5$	1,655	10,75
2	1,99	1,837	1,82	2,620	2,554	2,478	1,61	1,794	1,77	1,757	14,0

Die Blechdicke war in allen Fällen 0,5 mm. Der für $p=\infty$ verwendete Eisenkörper besaß 3 mm dicke Endbleche, deren Einfluß bei der obigen Berechnung unberücksichtigt blieb. Bei kleinen Periodenzahlen dürften die Werte für λ_g deshalbum ca. $10^0/_0$ größer sein. Die Bleche für $p=5$ waren neu, und die Oberfläche nicht bearbeitet, daher der größte Wert für λ_g; die Bleche für $p=2$ waren am Rande etwas bearbeitet.

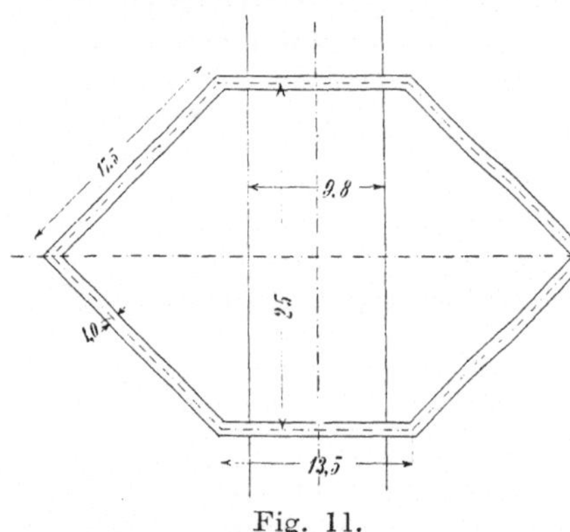

Fig. 11.

Hieraus geht deutlich hervor, daß wir uns an der Grenze befinden, welche ohne genaue Kenntnis der Eigenschaften des Eisens nicht überschritten werden kann, und daß der **Einfluß der Krümmung** jedenfalls gering ist. Zur Ergänzung der vorliegenden Resultate dienen noch folgende Messungen:

Flache Spule, 5 Windungen Draht von 1,8/2,0 mm ∅ (s. Fig. 11).

Gemessen in Luft:

$$L = 19{,}24 \text{ Mikrohenry}$$

Gemessen auf lamelliertem Eisenkörper $p = \infty$:

c	L	λ_g
50	24,91	2,315
220	24,74	2,245
669	24,62	2,230
990	24,54	2,165

Anm. Berechnen wir die Leitfähigkeit der Stirnverbindungen nach Formel (4), so erhalten wir

$$\lambda_s = 0{,}46 \log \frac{1{,}17 \cdot 38{,}7}{1{,}2} = 0{,}724$$

$$L_{stirn} = 2 \cdot 5^2 \cdot 38{,}7 \cdot 0{,}724 \cdot 10^{-8} = 1400 \cdot 10^{-8} \text{ Henry}$$
$$= 14{,}00 \text{ Mikrohenry.}$$

Die doppelte Differenz dieses Wertes gegen den in Luft gemessenen addiert gibt

$$L_E = 14 + 2\,(19{,}24 - 14) = 24{,}48\,,$$

ein Wert, der mit dem bei 990 Perioden gemessenen auf 0,3 % übereinstimmt. Dies nur als weiteres Beispiel für die Brauchbarkeit der angegebenen Formel.

Ferner noch einige Messungen mit Veränderlichkeit des Abstandes τ der Spulenseiten.

$J = 4$ Amp. $\qquad c = 300 \qquad p = \infty$

τ	L_L	L_E	λ_g	$\frac{\tau}{u/2}$
22	19,00	24,23	2,137	18,3
19,3	18,7	23,8	2,08	16,1
16,5	18,35	23,35	2,04	13,75
10	15,95	20,2	1,736	8,33

In Fig. 12 sind nun sämtliche, so ermittelten Leitfähigkeiten λ_g in Abhängigkeit von dem Verhältnis des Abstandes τ zum halben Spulenumfang $\alpha + \beta = \frac{u}{2}$ aufgetragen. Aus den Werten der Tabelle 7 ist in Anbetracht der erwähnten Unsicherheit das Mittel genommen.

Kurve I entspricht ungefähr den Werten der von Gallusser abgeleiteten Formel[1])

$$\lambda_g = 0{,}2 + 0{,}92 \log \frac{b}{r_1} \quad \ldots \ldots \ldots \quad (6)$$

wo b = Abstand der Spulenseiten,

r_1 = halbe Spulenbreite $= \frac{\alpha}{2}$.

Die Werte liegen nicht genau auf dieser Kurve, weil in der Formel die Höhe der Spulen nicht berücksichtigt ist, welche bei kleinen Spulenbreiten in Betracht kommt.

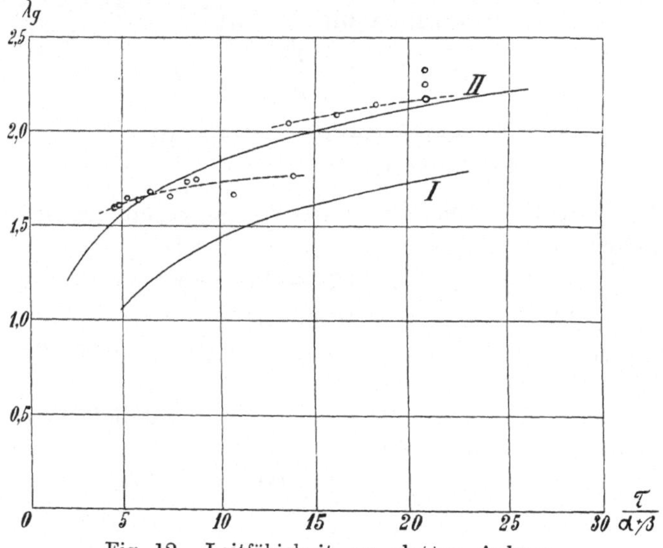

Fig. 12. Leitfähigkeit von glatten Ankern.

Das Ergebnis ist keineswegs erfreulich. Abgesehen von unbemerkten Fehlern, den Einflüssen verschiedener Eisensorten und dem der Periodenzahl (s. Werte für $\frac{\tau}{\alpha + \beta} = 21$) erkennen wir jedoch, daß für λ_g nicht allein das Verhältnis $\frac{\tau}{\alpha + \beta}$, sondern auch die absolute Größe der Spulenbreite maßgebend ist. Von den beiden gestrichelten Kurven gelten die untere

[1]) Gallusser, l. c.

für nahezu konstantes τ und variables $\alpha + \beta$, die obere für konstantes $\alpha + \beta$ und variables τ.

Ein qualitativ gleiches, jedoch unübersichtliches Resultat erhält man durch Integration unter der Annahme, daß die Kraftlinien konfokale Ellipsen sind, deren lineare Exzentrizität gleich der halben Spulenbreite ist.[1])

Zur Ermittlung einer bequemen Formel, die durchschnittlich richtige Werte liefert, wollen wir jedoch an dem logarithmischen Charakter der Funktion festhalten, da erfahrungsgemäß alle Leitfähigkeitsberechnungen, wie auch die ebenerwähnte, im wesentlichen auf solche Funktionen führen.

Kurve II (Fig. 12) ist aus der empirischen Formel

$$\lambda_g = 0{,}92 \log \frac{10\,\tau}{\alpha + \beta} \quad \ldots \ldots \quad (7)$$

berechnet, und liefert im allgemeinen richtigere Werte als Formel (6).

Die Größe $\alpha + \beta$ ist deshalb eingeführt, weil sie in naher Beziehung zu dem Abstand des Spulenquerschnitts von sich selbst steht, und so den Übergang zur Berechnung der Leitfähigkeit der Zahnkopfstreuung ermöglicht.

Wir haben nun die Leitfähigkeit des äußeren Feldes einer flachen Spule zu berechnen, um λ_k zu finden.

Wir verwenden hierzu die drei Beziehungen[2]):

$r_0 = 0{,}248\,\pi r$ für kreisförmigen Querschnitt,

$r_0 = 0{,}2236\,(\alpha + \beta)$ für rechteckigen Querschnitt mit den Seiten α und β,

$r_0 = 0{,}2231\,\alpha$ für ∞ dünnen Querschnitt von der Breite α,

wo r_0 den Abstand von sich selbst bezeichnet.[3])

Es ist also

$$\lambda_g = 0{,}92 \log \frac{10\,\tau}{\alpha + \beta} = 0{,}92 \log \frac{2{,}236\,\tau}{r_0} \quad \ldots \quad (7\text{a})$$

Wäre die Spule unendlich dünn, und hätte die Breite der Nut $r_1 = \alpha$ $(\beta = 0)$, so wäre in Formel (7a) zu setzen:

$$r_0 = 0{,}2231\,r_1\,.$$

[1]) S. a. Gallusser, l. c. S. 45.

[2]) Sumec, l. c.

[3]) Maxwell, l. c.

Denken wir uns an Stelle des Strombandes einen zylindrischen Leiter, dessen Achse mit der Eisenoberfläche zusammenfällt, und dessen Gesamtleitfähigkeit geich der des Strombandes ist, so ist dessen Radius:

$$r = \frac{r_0}{0{,}248\,\pi} = \frac{0{,}2231\,r_1}{0{,}248\,\pi}.$$

Die Leitfähigkeit des Feldes des Strombandes, welche gleich der Leitfähigkeit des Zahnkopfstreuflusses zu setzen ist, wird deshalb erhalten, wenn wir für r_0 den Wert r in (7a) einführen. Wir erhalten so

$$\lambda_k = 0{,}92 \log \frac{2{,}236 \cdot 0{,}248\,\pi}{0{,}2231} \cdot \frac{\tau}{r_1}$$

$$\cong 0{,}92 \log \frac{2{,}5\,\pi\,\tau}{r_1} = 0{,}92 \log \frac{7{,}8\,\tau}{r_1} \quad . \quad . \quad . \quad . \quad (8)$$

Durch die Vergrößerung der mit dieser Formel erhaltenen Werte für λ_k gegenüber der Formel

$$\lambda_k = 0{,}92 \log \frac{\pi\,\tau}{r_1} \text{ [1]} \quad . \quad . \quad . \quad . \quad . \quad (8\text{a})$$

dürften sich die mehrfach gefundenen Differenzen zwischen Rechnung und Versuch bedeutend verringern.[2] Die hier gefundenen Ausdrücke (7) und (8) für die Leitfähigkeiten λ_g und λ_k ergeben nämlich Werte, die um ca. 0,4, d. h. um 20—25 % größer sind als die nach Gallusser (6) und Forbes (8a) berechneten. Die Differenz ist zufällig für beide dieselbe.

Der Ableitung der Formeln (6) und (8a) ist ein angenommener, der Rechnung bequem zugänglicher Kraftlinienweg zugrunde gelegt; da dieser sich mit dem wirklichen nicht deckt, müssen sie zu kleine Leitfähigkeiten ergeben, und zwar für λ_g auch in dem Fall, daß eine in Luft befindliche, flache Spule betrachtet wird. (In diesem Falle wäre lediglich von den aus Formeln (6) und (7) berechneten Werten für λ_g die Hälfte zu nehmen.) Bezüglich der Formel (8) für λ_k ist zu bemerken, daß sie möglicherweise auch noch zu kleine Werte liefert. Durch Versuche,

---

[1]) Forbes, Journ. Soc. Telegr. Eng. 15, 1886. S. a. Dubois, Magn. Kreise 1894, S. 212 und Arnold, l. c., S. 373.

[2]) Wittek, ETZ 1906, S. 54.

die Thomas E. Wall im El. Inst. der Karlsruher Hochschule ausgeführt hat, ist nämlich an der Kante von zwei zusammenstoßenden Eisenflächen eine merkbare Vergrößerung der Kraftliniendichte nachgewiesen worden, welche, wie leicht einzusehen ist, eine Vergrößerung der Leitfähigkeit des Zahnkopfstreuflusses zwischen den Kanten benachbarter Zähne bewirkt, die bei der Ableitung von λ_k aus λ_g nicht berücksichtigt ist, weil sie bei glatten Ankern nicht auftritt.

Rechnerische Ermittlung des Einflusses der Krümmung.

Bei dem Bilde Fig. 10 bleibend, können wir den Einfluß der Krümmung leicht übersehen.

Für den Kraftfluß zweier im Abstand b befindlicher Spulenseiten entspricht jede durch ihre Achsen gelegte Zylinderfläche Äquipotentialflächen. Wenn also eine solche Zylinderfläche durch eine Eisenoberfläche ersetzt wird, so ändert sich die Form des Induktionsröhrenverlaufes nicht, nur die Intensität des Kraftflusses wird verdoppelt. Bei konstantem Abstand der Spulenseiten bleibt der S. I. K. demnach ungeändert, einerlei welchen Radius der Anker hat. Wir sind nun gewohnt, nicht mit dem linearen, sondern dem über die Ankerfläche gemessenen Abstand, der Polteilung oder Spulenweite, zu rechnen. Die in die Rechnung einzuführende Größe ist demnach die Polteilung, verkleinert im Verhältnis des Bogens zur Sehne, und wenn wir dies Verhältnis durch den Faktor k_p ausdrücken, so ist k_p gegeben durch

$$k_p = \frac{\sin \frac{\pi}{2p}}{\operatorname{arc} \frac{\pi}{2p}},$$

wo p die Polpaarzahl ist. Für eine zweipolige Maschine wird dann $k_p = \frac{2}{\pi}$. Folgende Tabelle zeigt den Faktor für verschiedene Polpaarzahlen und zum Vergleich den von Gallusser[1]) angegebenen Faktor $\frac{p}{1+p}$.

---

[1]) l. c.

p	k_p	$\frac{p}{1+p}$
1	0,636	0,5
2	0,9	0,666
3	0,955	0,75
4	0,972	0,8
5	0,984	0,834
6	0,989	0,857
7	0,991	0,875
8	0,992	0,89

Praktisch ist also die Verkleinerung des Abstandes der Spulenseiten für 6polige Maschinen schon zu vernachlässigen, da der Faktor unter den Logarithmus zu stehen kommt.

Von einem Einfluß der Krümmung kann man demnach eigentlich nicht reden, denn bei ein und derselben Spule hat die Krümmung an sich keinen Einfluß auf den S. I. K. Die Einführung eines „Krümmungsfaktors" k_p ist vielmehr lediglich durch den Gebrauch, mit der Polteilung zu rechnen, gerechtfertigt.

Die Leitfähigkeit λ_n des Nutenflusses.

Unser Bild Fig. 10 zeigt, daß in dem oberen Teil der Nut der Fluß durchaus quer verläuft, auch wenn wir nur einen Leiter haben, dessen Dimensionen gegenüber der Nutweite klein sind. Es ist deshalb von vornherein anzunehmen, daß die Formel

$$\lambda_n = 0{,}4\,\pi \left(\frac{r}{3\,r_3} + \frac{r_5}{r_3} + \frac{r_7}{r_8} + \frac{2\,r_6}{r_1 + r_8} + \frac{r_4}{r_1}\right)^{1)} \quad . \quad . \quad (9)$$

mit den drei letzten Gliedern der Klammer richtige Werte liefert, weil der angenommene Verlauf der Induktionsröhren mit dem wirklichen in dem oberen Teil der Nute übereinstimmt. Dasselbe ist der Fall, wenn die Spule die Nut ganz ausfüllt, und mit großer Annäherung auch, wenn mehrere Spulseiten derselben Nut zu gleicher Zeit vom Strom durchflossen werden. Dies bestätigt auch die Erfahrung, indem der aus den Leitfähigkeiten berechnete Kurzschlußstrom von Asynchronmotoren mit dem experimentell bestimmten recht genau übereinstimmt. Dort kommt ja der oben festgestellte Fehler in der Berechnung von

[1]) Arnold, l. c. S. 372, unter Beibehaltung der dort gegebenen Bezeichnungen.

λ_k in Wegfall. In dem unteren Teil der Nut jedoch ziehen sich die Induktionsröhren nach dem Nutboden hin, sobald die Spulenbreite wesentlich kleiner als die Nutbreite ist, und verlaufen zum Teil auch kreisförmig. Die Abhängigkeit der Leitfähigkeit von der Lage der Spulenseite in der Nut, und den Maßen von Leiter und Nut analytisch zu verfolgen, dürfte kaum ein einfaches und praktisch brauchbares Resultat zeitigen. Es ist auch hier anzunehmen, daß die Funktion im wesentlichen aus logarithmischen Gliedern aufgebaut ist.

Um eine Schätzung für die auftretenden Vergrößerungen der Leitfähigkeit zu erlangen, wurde der S. I. K. an vier verschiedenen Nuten in Abhängigkeit von der Lage und der Form der Leiter gemessen. Die Zunahme bei seitlicher Verschiebung ist aus den Messungen ohne weiteres zu entnehmen, weil λ_s und λ_k dabei konstant bleiben, also die gemessene Differenz nur auf 1 cm Ankerlänge und eine Windung reduziert werden muß. Zum Vergleich mit der Rechnung, insbesondere zur Bestimmung der wirklichen Größe von λ_n verwenden wir die oben gefundenen Formeln:

$$\lambda_s = 0{,}46 \log \frac{1{,}17\, l_s}{\alpha + \beta}$$

$$\lambda_k = 0{,}92 \log \frac{7{,}8\, \tau \cdot k_n}{r_1}$$

und müßten dann, falls λ_k nach dieser Formel zu groß berechnet würde, aus der Messung kleinere Leitfähigkeiten λ_n erhalten, als die Rechnung nach Formel (9) gibt.

(Dies tritt, wie im voraus bemerkt sei, nicht ein, ein Beweis, daß λ_k eher noch zu klein gerechnet ist.)

Die Maße des verwendeten Ankers und der Nuten in cm sind folgende:

Durchmesser des Ankers: 33
Länge „ „ 8,7

Nut-Nr.	Nut-höhe	r_1	r_3	r_5	r_6	t_1	τ	p
1	2,1	1,0	1,0	—	—	2,0	10	5,2
2	2,1	1,74	1,74	—	—	3,25	16	3,0
3	3,3	0,35	1,06	0,16	0,1	2,3	11,5	4,5
4	3,0	0,8	1,85	0,28	0,24	3,74	18,7	2,8

Die Spulen bestanden aus je 4 im Quadrat angeordneten Windungen aus Litzendraht von 1,6/2 mm ∅. Sie konnten nach Belieben hintereinander geschaltet werden. Zur Kennzeichnung ihrer Lage sind sie in Fig. 13 in die Nuten in der Mittellage eingezeichnet und mit Buchstaben versehen.

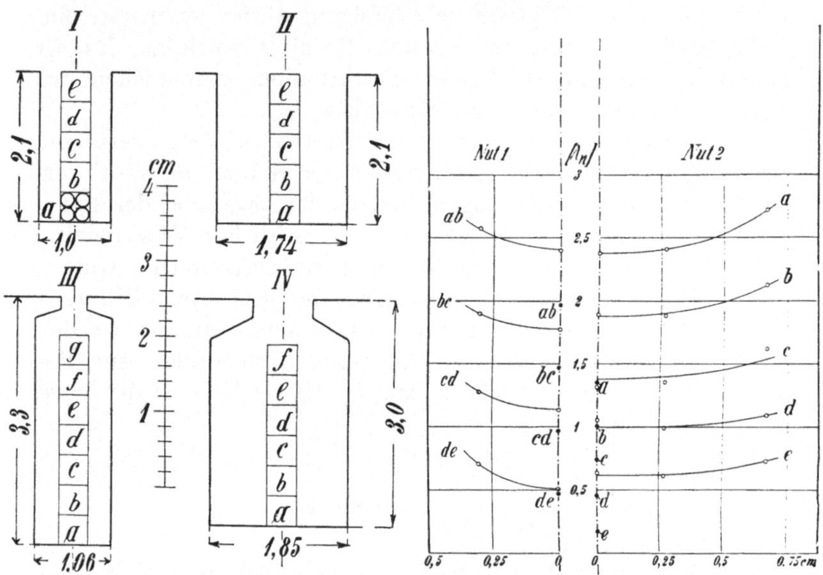

Fig. 13. Untersuchte Nuten m. Spulen. Fig. 14. Offene Nuten.

Die Messungen wurden bei ca. 700 Perioden und mit 4 Amp. ausgeführt. Infolge der räumlichen Verschiebungen wurden nach Zurückkehren in die vorige Lage Differenzen von ungefähr 1 % in der Selbstinduktion konstatiert. Größere Differenzen konnten, da sie bei der Ablesung am Variometer unmittelbar in die Erscheinung traten, rechtzeitig berichtigt werden. Die Fixierung innerhalb der Nut geschah durch 2 und 4 mm dicke Holzplättchen, deren Höhe der Nutform angepaßt war. Durch die Anzahl der Plättchen war auch die Lage bei einer Querverschiebung ohne weiteres angegeben.

Es sind nun in den Figuren 14 und 15 die aus dem gemessenen S. I. K. mit

$$\lambda_n = \frac{L_{cm} \cdot 10^{-1}}{2 \cdot w^2 \cdot l} - \frac{l_s}{l} \lambda_s - \lambda_k \quad . \quad . \quad . \quad . \quad (10)$$

berechneten Leitfähigkeiten λ_n für die 4 Nuten aufgezeichnet. Die Abszissen der Kurven geben die Entfernung der Spulenmitten von der Nutmitte, die Ordinaten die Leitfähigkeiten.

Bei den halbgeschlossenen Nuten 3 und 4 ist die untere Leitfähigheit $[\lambda_n]$ aufgetragen, welche in der Formel (9) durch

$$0{,}4\,\pi\left(\frac{r}{3\,r_3}+\frac{r_5}{r_3}\right)$$

ausgedrückt ist. Die gesamte Leitfähigkeit wird durch Addition von 0,725 bei Nut 3 und von 0,643 bei Nut 4 erhalten.

Die angeschriebenen Buchstaben verweisen auf Fig. 13. Die ausgefüllten Punkte in der Nutmitte geben λ_n nach Formel (9). Die Kurven sind mit Rücksicht auf regelmäßigen Verlauf gezogen. Es sei noch bemerkt, daß die kleinsten Ordinaten natürlich der höchsten Lage in der Nut entsprechen.

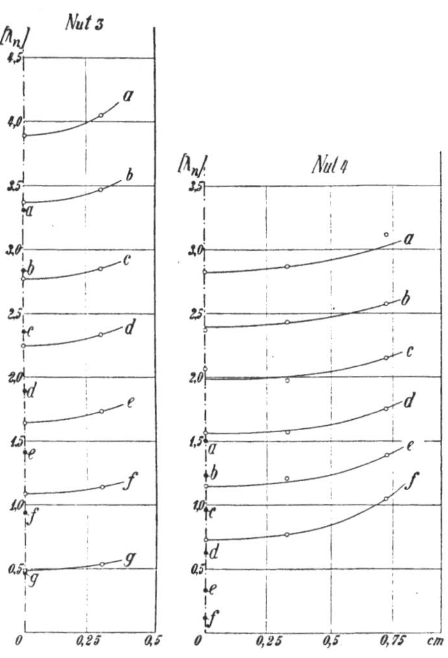

Fig. 15. Halb geschlossene Nuten.

Ersichtlichermaßen liegen die berechneten Werte sämtlich tiefer, und zwar nimmt die absolute Differenz ab, die prozentuale jedoch zu, je höher der Leiter in der Nut liegt; in der Mittellage ist die Annäherung am größten, weil der wirkliche Kraftlinienweg sich mit dem angenommenen am besten deckt, und auch hier ist wieder die Übereinstimmung besser, je weiter wir mit dem Leiter nach oben gehen. Bei Verschiebung nach den Nutwänden zu steigt die Leitfähigkeit nach einem Gesetz an, welches offenbar von sämtlichen Dimensionen der Nut abhängt. Durch die Gegenüberstellung ist ein Vergleich der Differenzen bei schmaler und breiter Nut in bequemer Weise möglich.

Um eine bessere Einsicht in die Differenzen zu erlangen, sind in den Tabellen 8, 9 und 10 einige besondere Messungen angeführt. Dieselben enhalten hinter den der Rechnung zugrunde zu legenden Daten in Zentimeter die berechnete Leitfähigkeit λ_n, die gemessene Selbstinduktion in Mikrohenry, die nach Formel (10) berechnete wirkliche Leitfähigkeit λ_n und einen Faktor, der das Verhältnis $\frac{\lambda_n \text{ gemessen}}{\lambda_n \text{ berechnet}}$ darstellt.

Bei den halbgeschlossenen Nuten sind die Leitfähigkeiten $[\lambda_n]$ angeführt (s. o.). Da wir auch hier die Spulen sowohl in der Mitte als an den Wänden der Nut betrachtet haben, erhalten wir einen gewissen Überblick.

Der Faktor liegt bei den schmalen Nuten zwischen 1,2 und 1,4 und nimmt in den höheren Lagen zu, weil dort schon ein Teil der Kraftröhren aus dem Nutraum heraustritt (Nut 1 Spule *e* und Nut 3 Spulen *efg*. Bemerkenswert ist hier der Unterschied zwischen Mittel- und Randlage.)

Tabelle 8.

Vergleich berechneter und gemessener Nutleitfähigkeiten.

Nut	Spulen	Lage	l_s	$\alpha+\beta$	r_5		$\lambda_{n\,ber}$	L_{gem}	$\Sigma\lambda_{gem}$	$\lambda_{n\,gem}$	Fakt.
1	*a*	Rand	14,8	0,8	1,7	0,4	2,305	16,40	5,89	3,12	1,35
	b	„	$15{,}2_6$	0,8	1,3	0,4	1,80	14,30	5,13	2,33	1,3
	c	„	15,5	0,8	0,9	0,4	1,30	12,57	4,51	1,68	1,3
	d	„	15,9	0,8	0,5	0,4	0,795	10,98	3,94	1,07	1,35
	e	„	16,2	0,8	0,1	0,4	0,294	9,31	3,34	0,44	1,5 !
	a b c	Mitte	15,2	1,6	0,9	1,2	1,63	116,1	4,63	2,07	1,27
	a b c d	„	15,3	2,0	0,5	1,6	1,30	182,7	4,10	1,60	1,23
	a b c d	Rand	15,3	2,0	0,5	1,6	1,30	191,0	4,29	1,79	1,38
2	*a b*	Rand	22,6	1,2	1,3	0,8	1,13	62,00	5,56	$2{,}24_2$	1,98
	b c	„	$23{,}1_5$	1,2	0,9	0,8	0,84	55,80	5,00	$1{,}63_1$	1,94
	c d	„	23,7	1,2	0,5	0,8	0,55	51,17	4,63	$1{,}20_4$	2,19
	d e	„	24,25	1,2	0,1	0,8	0,26	48,00	4,29	0,809	3,1
	a b c	„	22,9	1,6	0,9	1,2	$0{,}93_3$	127,36	$5{,}08_3$	1,891	2,03
	c d e	„	24,0	1,6	0,1	1,2	0,356	106,14	$4{,}23_6$	0,946	2,66
	a b c d	„	$23{,}1_5$	2,0	0,5	1,6	0,74	207,0	$4{,}64_7$	1,548	2,09
	b c d e	„	23,7	2,0	0,1	1,6	0,45	190,7	$4{,}28_1$	1,136	2,53

Tabelle 9. Vergleich berechneter und gemessener Nutleitfähigkeiten (Fortsetzung).

Nut	Spulen	Lage	l_s	$\alpha+\beta$	r_5	r	$[\lambda_n]_{ber}$	L_{gem}	$\Sigma\lambda_{gem}$	$[\lambda_n]_{gem}$	Fakt.
3	*ab*	Mitte	15,42	1,2	2,24	0,8	2,98	83,78	7,523	3,62	1,21
	bc	„	15,8	1,2	1,84	0,8	2,50	77,15	6,928	$2{,}99_2$	1,2
	cd	„	16,2	1,2	1,44	0,8	2,02	71,18	6,392	2,421	1,2
	de	„	16,6	1,2	1,04	0,8	1,55	65,47	5,879	1,873	1,21
	ef	„	17,0	1,2	0,64	0,8	$1{,}07_6$	$59{,}43_6$	5,337	1,296	1,2
	fg	„	17,4	1,2	0,24	0,8	0,60	53,37	4,744	0,668	1,11
	efg	Rand	17,2	1,6	0,24	1,2	$0{,}75_8$	125,37	5,000	1,058	1,4!

Tabelle 10. Vergleich berechneter und gemessener Nutleitfähigkeiten (Schluß).

Nut	Spulen	Lage	l_s	$\alpha+\beta$	r_5	r	$[\lambda_n]_{ber}$	L_{gem}	$\Sigma\lambda_{gem}$	$[\lambda_n]_{gem}$	Fakt.
4	*ab*	Rand	24,57	1,2	1,68	0,8	1,32	80,07	7,19	2,75	2,08
	bc	„	25,21	1,2	1,28	0,8	1,05	74,83	6,72	2,24	2,13
	cd	„	25,86	1,2	0,88	0,8	0,777	71,24	6,398	1,79	2,3
	de	„	26,5	1,2	0,48	0,8	0,508	67,20	6,635	1,37	2,7
	ef	„	27,14	1,2	0,08	0,8	0,235	$63{,}61_5$	5,713	0,98	4,17!
	bc	Mitte	25,21	1,2	1,28	0,8	1,05	$75{,}55_5$	6,785	2,26	2,15
	ef	„	27,14	1,2	0,08	0,8	0,235	61,96	5,563	0,83	3,53!
	abc	Rand	24,89	1,6	1,28	1,2	1,14	170,95	6,822	2,47	2,17
	abc	Mitte	24,89	1,6	1,28	1,2	1,14	170,75	6,815	2,46	2,16
	def	„	26,82	1,6	0,08	1,2	0,326	143,61	5,731	1,23	3,77
	cdef	„	26,50	2,0	0,08	1,6	0,331	244,8	5,496	0,87	2,63
	abcdef	Rand	25,53	2,4	0,08	2,0	0,403	603,65	5,975	1,37	3,4!

Bei den breiten Nuten liegt der Faktor, sofern wir die höheren Lagen außer acht lassen, zwischen 2 und 3 und ist bei halbgeschlossenen merkwürdigerweise größer als bei offenen. (Dies könnte möglicherweise auch daher rühren, daß die Leitfähigkeit λ_k noch zu klein gerechnet ist.) In höheren Lagen und bei schmalen und relativ hohen Spulenseiten geht der Faktor über 3 bis 4 hinauf (Nut 4 Spulen *ef* und *abcdef*).[1]

[1] S. a. Gallusser, l. c., S. 39.

Der Faktor wurde auch aus den in Fig. 14 und 15 angegebenen Meßresultaten abgeleitet, woraus jedoch nichts anderes hervorgeht, als aus dem eben Gesagten. Die Verhältnisse sind jedoch genügend variiert, um in vielen Fällen eine befriedigende Schätzung an Hand der gegebenen Daten zu ermöglichen.

Der Koeffizient der gegenseitigen Induktion (G. I. K.) und der scheinbare Selbstinduktionskoeffizient (S. S. I. K.).

Die Bestimmung des G. I. K. M darf bei Anwesenheit von Eisen, falls man die tatsächlichen Verhältnisse möglichst nachahmen will, nur auf indirektem Wege durch Messung des S. S. I. K. (L_s) geschehen. Die Bestimmung durch Messung der Klemmenspannung der Sekundärspule, während die primäre von bekanntem Strom durchflossen wird, ergibt unrichtige Resultate, weil durch den Strom der kurzgeschlossenen Sekundärspule das Feld nach Stärke und Form verändert und daher die Permeabilität verringert wird. Da unsere Meßmethode die Bestimmung von L_s ohne weiteres gestattet, so sind wir in der Lage, auch hier bei hoher Frequenz in einfacher Weise messen zu können.

Die Berechnung von M aus dem gemessenen Werte L_s bietet jedoch Schwierigkeiten, da die bei konstanter Permeabilität exakt geltende bekannte Formel

$$L_s = L_1 - \frac{\omega^2 M^2}{R_2{}^2 + \omega^2 L_2{}^2} L_2$$

nicht ohne weiteres verwendbar ist. Bringen wir dieselbe auf die Form

$$L_s = L_1 - \frac{\omega^2}{\left(\frac{R_2}{L_2}\right)^2 + \omega^2} \cdot \frac{M^2}{L_2},$$

so ist ersichtlich, daß die Kurve

$$L_1 - L_s = f(\omega) \cdot \frac{M^2}{L_2},$$

falls wir $\frac{M^2}{L_2}$ als von ω unabhängig betrachten, wegen der Zunahme von R_2 (Skineffekt und Eisenverluste) und der Abnahme von L_2 (Abnahme von μ) bei höheren Periodenzahlen flacher verlaufen wird als die Kurve, die man mit R gleich dem Ohmschen Widerstand und L_2 gleich dem bei niedriger Periodenzahl gemessenen Werte aus der obigen Formel berechnen könnte. Die Dämpfung $(L_1 - L_s)$ ist also geringer als die Rechnung gibt. Auch bei unendlich hoher Periodenzahl wird $\frac{\omega^2}{\left(\frac{R_2}{L_2}\right)^2 + \omega^2}$ nicht gleich 1, da auch $\left(\frac{R_2}{L_2}\right)$ unendlich wird.

Zur genaueren Verfolgung dieser Vorgänge müßte die Permeabilität zugleich mit dem S. I. K. und dem effektiven Widerstand gemessen werden; da wir leider noch nicht in der Lage sind, in einfacher Weise Permeabilitäten bei hoher Frequenz zu messen, sehen wir uns genötigt, die Abhängigkeit der Größen M und L_s auf empirischer Grundlage darzustellen, wobei wir darauf verzichten müssen, ihre physikalische Bedeutung aufrecht zu erhalten. Dieselben bleiben demnach lediglich Rechnungsgrößen. Es ist auch zweifelhaft, ob die Wirkung der Sekundärspule durch Annahme einer quasistationären Strömung in ihr gekennzeichnet werden kann.

Ohne uns daher mit den eintretenden Änderungen selbst genauer zu befassen, definieren wir L_1 und L_2 als die S. I. K. K., wie sie ohne Dämpfung bei 50 Perioden gemessen werden, und R_2 als den Ohmschen Widerstand der dämpfenden Spule. Die Größe M ergibt sich dann aus L_s von selbst, wird aber der Berechnung auf Grund der Leitfähigkeit der beide Spulen umschlingenden Induktionsröhren nicht mehr zugänglich, soweit diese Röhren teilweise im Eisen verlaufen (s. unten).

Wir wollen nun die Abhängigkeit von der Periodenzahl durch einen Faktor k_ω berücksichtigen. Wir haben außerdem bei den Orientierungsmessungen (S. 14) den großen Einfluß des sekundären Schließungswiderstandes auf den S. S. I. K. erwähnt. Es ist deshalb notwendig, das Verhältnis $\frac{R_s}{R_2}$ des sekundären Schließungswiderstandes zum Widerstand der Sekundärspule allein durch einen Faktor k_R zu berücksichtigen. Es ist dabei die Annahme zu prüfen, ob k_ω und k_R voneinander unabhängig sind. Der Umstand, daß die aufeinander dämpfend wirkenden

Spulen bei Maschinen praktisch identisch sind, berechtigt zu der Annahme, daß die unten ermittelten Einflüsse der Frequenz und des sekundären Schließungswiderstandes im allgemeinen dieselben bleiben, m. a. W. daß die Faktoren k_ω und k_R von den körperlichen Dimensionen der Spulen unabhängig sind. Der Zusammenhang zwischen dem S. S. I. K. und dem G. I. K. ist demnach ausgedrückt durch

$$L_s = L_1 - k_\omega\, k_R \cdot \frac{M^2}{L_2}\,.$$

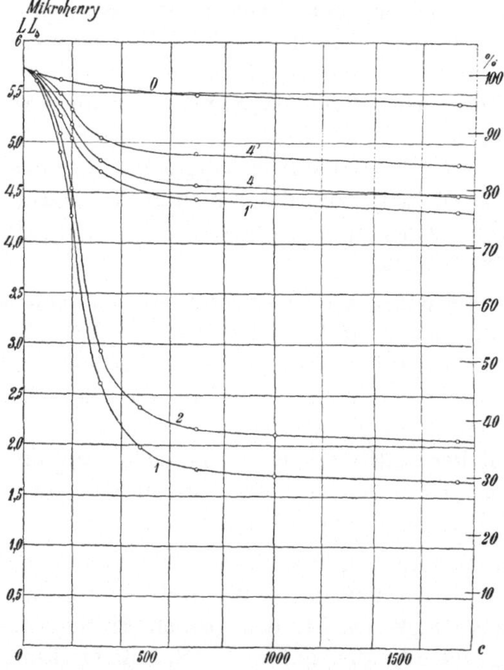

Fig. 16. Scheinbarer Selbstinduktionskoeffizient in Abhängigkeit von der Periodenzahl.

Wir wollen nun dazu übergehen, die beiden Faktoren aus Versuchsresultaten abzuleiten.

Fig. 16 stellt den S. S. I. K. in Abhängigkeit von der Periodenzahl dar. Die Kurven sind an der Wendepolmaschine (s. o.) aufgenommen (Anker außerhalb des Magnetgestells). Die darüber gezeichnete Skizze zeigt die Lage der kurzgeschlossenen Spulen, die Spule 0 war in die Versuchsanordnung eingeschaltet. Die Kurven für die Spulen 2′, 3′ und 3 sind weggelassen, sie liegen zwischen den Kurven 1′ und 4. Zur besseren Übersicht und oberflächlichen Schätzung ist noch ein Prozentmaßstab angezeichnet.

Der Verlauf der Kurven zeigt deutlich, daß eine Berechnung des S. S. I. K. ohne Berücksichtigung der Periodenzahl, ebenso wie die Ableitung aus Versuchsresultaten, unrichtige Werte geben muß[1]), und daß der S. S. I. K. von 1000 Perioden aufwärts als praktisch konstant betrachtet werden kann.

Bilden wir nun die Differenz $L_1 - L_s$ der Ordinaten, bezogen auf den Wert L_1 bei 50 Perioden, so erhalten wir $k_\omega \cdot \frac{M^2}{L_2}$ als Funktion der Periodenzahl. Hierin ist jedoch k_ω und M unbekannt, weshalb wir den Wert k_ω für eine bestimmte Periodenzahl auf andere Weise bestimmen müssen, um den Maßstab für die Kurven zu finden. Wir reduzieren zunächst diese Kurven auf eine einzige, indem wir vorübergehend $k_\omega \cdot \frac{M^2}{L_2}$ für beispielsweise 700 Perioden $= 1$ setzen. Es ergibt sich hierbei, daß die Ordinaten, welche der Dämpfung proportional sind, für die entfernteren Spulenseiten maximal um ca. $5\,^0/_0$ größer sind als für die nächsten. Es rührt dies daher, daß mit zunehmender Entfernung der Spulenseiten die Feldschwächung verschwindet, also die Permeabilität zunimmt. Demzufolge nimmt auch die Selbstinduktion L_2 der Sekundärspule zu, und da wir auf einen konstanten Wert L_1 reduziert haben, muß in

$$L_1 - L_s = f\left(\frac{\omega^2}{\left(\frac{R_2}{L_2}\right)^2 + \omega^2}\right) \cdot \frac{M^2}{L_2}$$

die Funktion mit größerem Abstand der Spulenseiten zunehmen.

Der Mittelwert der Ordinaten fällt jedoch mit dem Wert für die benachbarte Nut (Spulen (1′, 2′, 3′, 3, 4) zusammen, und da dieser im allgemeinen der wichtigste ist, haben wir diese Kurve zur weiteren Berechnung verwendet. Der begangene Fehler ist natürlich gegenüber der Unsicherheit der übrigen Größen belanglos.

Unter Zugrundelegung von konstantem $\frac{M^2}{L_2}$ können wir nun für jede Periodenzahl $\left(\frac{R_2}{L_2}\right)$ berechnen, und zwar zunächst nur qualitativ, d. h. ohne den Maßstab der erhaltenen Kurven zu kennen. Diese Kurve verläuft bei niedrigen Periodenzahlen

[1]) Gallusser, l. c., S. 46.

fast parallel der Abszissenachse, um allmählich anzusteigen und von 700 Perioden ab in eine gerade Linie überzugehen. Da wir $\left(\frac{R_2}{L_2}\right)$ für $c = 50$ gleich dem Verhältnis der gemessenen Werte setzen dürfen, ist auf diese Art die Abhängigkeit dieser (fiktiven) Größe von der Periodenzahl festgelegt. Wir können so den Faktor k_ω rückwärts berechnen und erhalten so auch M.

Anm. Hierbei erwies sich die Unentbehrlichkeit des Vibrationsgalvanometers für 50 Perioden sehr deutlich. Denn ohne dasselbe wären die kleinen Differenzen $L_1 - L_s$ nicht mit genügender Präzision meßbar.

Die gegenseitige Lage der Spulen war unveränderlich, so daß merkbare Fehler hier nicht anzunehmen sind.

Der Ohmsche Widerstand der betrachteten Spulen war $R_2 = 0{,}01015$ Ohm; der S. I. K. bei 50 Perioden:

$L_2 = 5{,}68 \cdot 10^{-6}$ Henry, also

$\frac{R_2}{L_2} = 1{,}79 \cdot 10^3$.

Bei ausgeführten Maschinen liegt dies Verhältnis, wie eine Nachrechnung ergibt[1]), zwischen $0{,}5 \cdot 10^3$ und $2{,}5 \cdot 10^3$ und ist im Mittel $1{,}4 \cdot 10^3$. Die gegebenen Kurven Fig. 16 entsprechen also mittleren Verhältnissen.

Wir wollen hier die umständliche Berechnung von k_ω, ebenso wie die Messungen an besonderen Versuchsspulen in Nut 2 und 3 mit anderem $\frac{R_2}{L_2}$ nicht wiedergeben, nachdem der beschrittene Weg beschrieben ist, sondern verweisen auf Fig. 17, in welcher k_ω als Funktion der Periodenzahl für die nominellen Verhältnisse

$$\text{I.}\quad \frac{R_2}{L_2} = 0{,}52 \cdot 10^3\,,$$

$$\text{II.}\quad \frac{R_2}{L_2} = 1{,}79 \cdot 10^3\,,$$

$$\text{III.}\quad \frac{R_2}{L_2} = 2{,}52 \cdot 10^3\,,$$

aufgezeichnet ist.

---

[1]) Arnold, l. c., S. 404 und Glstr. Bd. II, S. 401.

Einige Punkte, die den gemessenen Werten entsprechen, sind angegeben. Es sei noch darauf hingewiesen, daß k_ω von 700 Perioden aufwärts für andere $\frac{R_2}{L_2}$ innerhalb dieser Grenzen durch lineare Interpolation gefunden werden kann.

Der Faktor k_ω bezieht sich auf direkten Kurzschluß der Spulen.

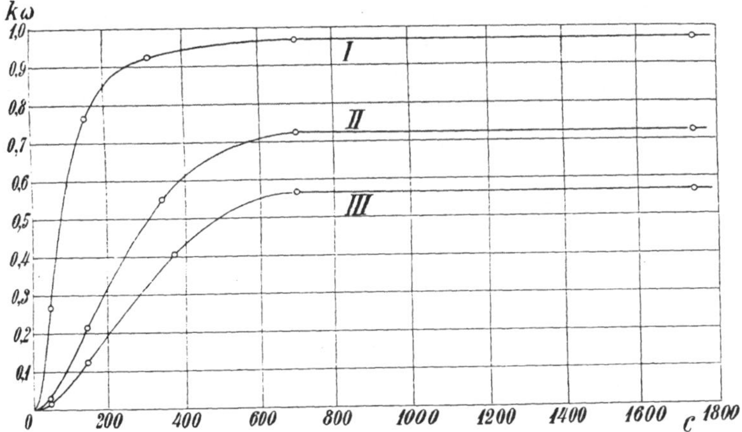

Fig. 17. Dämpfungsfaktor k_ω als Funktion der Periodenzahl.

Die Abhängigkeit des S.S.I.K. vom sekundären Schließungswiderstand R_s bei verschiedenen Periodenzahlen zeigt die folgende Tabelle:

R_s	R_s/R_2	L_s (Mikrohenry) $c = 306$	$c = 870$	$c = 1500$
∞	∞	43,7	42,8	42,45
1,0	11,9	41,5	34,7	23,30
0,5	5,95	40,2	30,75	19,20
0,25	2,975	37,05	23,92	16,55
0,1	1,19	32,4	18,75	14,6
0	0	16,9	13,53	13,0

aufgenommen an Nut 1 in der Mittellage, primär Spulen *c d*, sekundär Spulen *a b*.

$R_2 = 0{,}084$ Ohm $\quad J = 4$ Amp. $\quad c = 700.$

Bildet man $L - L_s$ und das Verhältnis dieser Werte zu denen bei Kurzschluß ($R_s = 0$), welcher Wert $= 1$ gesetzt wird, so erhält man k_R. Die Abhängigkeit $k_R = f(c)$ ist durchaus regelmäßig, und läßt es zu, diesen Faktor für verschiedene Periodenzahlen abzugreifen und darzustellen. Einige Stichproben an anderen Spulen (S. 42 unten) zeigten, daß der Faktor k_R innerhalb des Gesamtfehlers von dem Verhältnis $\frac{R_s}{L_2}$ der Spulen selbst unabhängig ist, wie vorauszusehen war. Fig. 18 zeigt k_R für verschiedene Verhältnisse $\frac{R_s}{R_2}$ des Schließungswiderstandes zum Widerstand der Spule selbst, und verschiedenen Periodenzahlen.

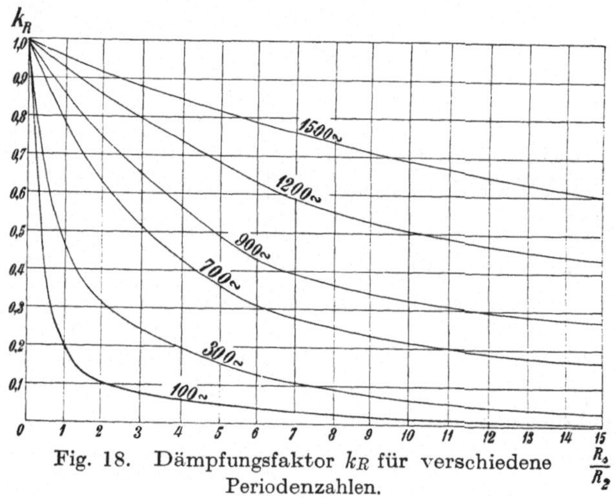

Fig. 18. Dämpfungsfaktor k_R für verschiedene Periodenzahlen.

Um nun die hier erhaltenen Resultate kurz zusammenzufassen, so sehen wir, daß, unabhängig von dem Grad der Dämpfung infolge kleinem oder großem G. I. K., bei Spulen mit kleinem Verhältnis $\frac{R}{L}$, also z. B. Stabwicklungen in halb- oder nahezu ganz geschlossenen Nuten, der Faktor k_ω auch bei geringen Periodenzahlen groß, also die Dämpfung günstig ist; umgekehrt ist bei Drahtwicklungen in offenen Nuten und kleinen Eisenlängen die Dämpfung gering. Großen Einfluß hat der Widerstand im Kurzschlußstromkreis, und zwar verschlechtert er die

Dämpfung um so mehr, je geringer die Periodenzahl ist (je größer er eben gegenüber ωL ist). Bei hohen Periodenzahlen ist der scheinbare S. I. K. nahezu proportional dem sekundären Schließungswiderstand. Daher die günstige Wirkung von Kupferbürsten auf die Dämpfung der zusätzlichen Kurzschlußströme.

Wir wenden uns nun zur Messung und Berechnung der Größe M. Durch Verwendung des Faktors k_ω (die Messungen wurden bei Kurzschluß der Sekundärspulen angestellt) erhalten wir zugleich durch die Resultate in sich eine wirksame Kontrolle auf seine Brauchbarkeit.

Die Berechnung von M hat auf Grund der Leitfähigkeiten μ_s, μ_k und μ_n zu geschehen.

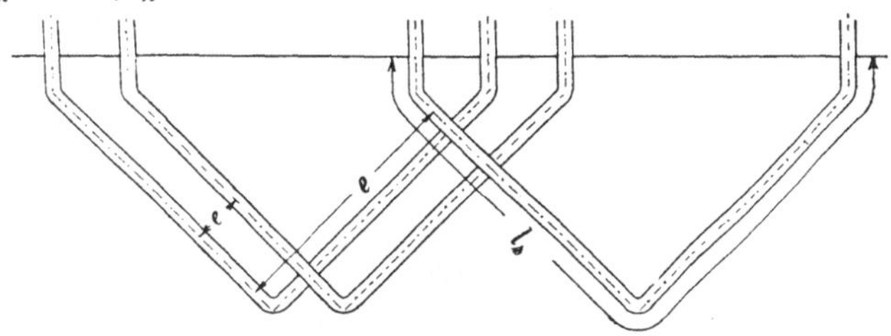

Fig. 19.

Aus der Gleichung für λ_s läßt sich leicht eine bequeme Formel für μ_s ableiten, wenn wir uns erinnern, daß der G. I. K. zweier gleichgeformter Leiter im Abstand e gleich dem S. I. K. wird, wenn e gleich dem Abstand r_0 der Leiter von sich selbst wird. Formel (4) geht durch Einsetzen von

$$r_0 = 0{,}223\,(\alpha + \beta)$$

über in:

$$\lambda_s = 0{,}46 \log \frac{1{,}17 \cdot 0{,}223 \cdot l_s}{r_0}$$

$$\cong 0{,}46 \log \frac{l_s}{4\,r_0}$$

also wird die Leitfähigkeit für die gegenseitige Induktion der Stirnverbindungen

$$\mu_s = 0{,}46 \log \frac{l_s}{4\,e}$$

e = mittlerer gegenseitiger Abstand der Stirnverbindungen zweier Spulen (Fig. 19). Der Abstand e wird am bequemsten aus einer Skizze der Stirnverbindungen entnommen.

Die Formel für μ_s liefert, da sie durch einwandfreie Transformation aus der brauchbaren Formel für λ_s erhalten ist, ebenso genaue Werte wie diese. Wir können deshalb aus den gemessenen Werten des G. I. K. für Spulenseiten verschiedener Nuten die Leitfähigkeit μ_k aussondern, da für solche Spulenseiten $\mu_n = 0$ ist.

Es ergibt sich nun hierbei das auffällige Resultat, daß μ_k für Spulen benachbarter Nuten nahezu gleich λ_k ist. Dies ist nur dadurch zu erklären, daß durch das Zusammendrängen der Kraftröhren in dem dazwischenliegenden Zahn, wo das Feld der Primär- und Sekundärspule gleichgerichtet sind, eine Längenkontraktion der Kraftröhren des Zahnkopfstreuflusses eintritt, wodurch L_1 und L_2 vergrößert werden; da wir jedoch die ohne Sekundärfeld gemessenen bzw. berechneten Werte L_1 und L_2 eingeführt haben, muß auch M größer werden, um die Formel

$$L_s = L_1 - k_\omega \frac{M^2}{L_2}$$

zu befriedigen. Wir sehen auch hier wieder, daß die physikalische Bedeutung von M sich mit dem M dieser Formel nicht deckt. Bei weiterer Entfernung der kurzgeschlossenen Spulen nimmt der Zahnkopfstreufluß seine normale Form wieder an. Für die übernächste Nut ist hier

$$\mu_k \sim 0{,}9\,\lambda_k .$$

Dieselbe Beobachtung ist auch von Gallusser[1]) gemacht, und auch die weitere Abnahme von M untersucht worden. Eine rechnerische Verfolgung dieser Vorgänge scheint von vornherein aussichtslos.

Die Leitfähigkeit μ_n wird sich noch schwerer formulieren lassen, nachdem wir die komplizierte Abhängigkeit in λ_n bemerkt haben. Eine praktische Annäherung erreichen wir etwa dadurch, daß wir nach dem Vorgang von Arnold[2])

$$\mu_n = k \cdot \lambda_n$$

setzen, wo k von der gegenseitigen Lage der Leiter in der Nut abhängig ist. Aus unseren Versuchen ergibt sich mit einiger Übereinstimmung mit den Gallusserschen:

$$\mu_n = \lambda_n$$

---

[1]) l. c. S. 45.

[2]) l. c. S. 380.

für übereinanderliegende Spulenseiten, und

$$\mu_n = 0{,}85 - 0{,}9\,\lambda_n$$

für nebeneinanderliegende Spulenseiten, je nach Breite der Nut.

Der Faktor ist auf die wirkliche Leitfähigkeit λ_n bezogen, und zwar bei übereinanderliegenden Spulenseiten auf die der unteren Spule. Aus den oben angegebenen Verhältnissen zwischen berechneten und Versuchswerten ist die Beziehung zu der aus Formel (9) berechneten Leitfähigkeit λ_n leicht zu finden. Im allgemeinen wird man, da λ_n zu klein berechnet wird, $\mu_n = \lambda_n$ für Leiter derselben Nut setzen können. Liegt die kurzgeschlossene Spule oberhalb, so ist μ_n etwas kleiner als im umgekehrten Fall. Es bestätigt sich jedoch die Annahme, daß der Unterschied nur wenige Prozente beträgt.[1]) Im allgemeinen liegen die Spulenseiten einerseits unten, einerseits oben in der Nut, so daß wir hier durch Mittelnehmen die tatsächlichen Verhältnisse am besten berücksichtigen.

Tabelle 11 enthält eine Anzahl gemessener und mit den gefundenen mittleren Koeffizienten zurückberechneter Werte des G. I. K. in Mikrohenry.

Tabelle 11. Vergleich gemessener und berechneter G. I. K.

Nr.	Spulen	$L_{1(50)}$	L_2	L_s	L_1-L_s	R_2	R_2/L_2	k_ω	M	M_{ber}	L_s i. Feld
1	0—1	5,675	5,675	1,757	3,918	0,01015	$1{,}79 \cdot 10^3$	0,722	5,56	5,6	3,78
2	0—2	5,675	5,675	2,158	3,517	0,01015	$1{,}79 \cdot 10^3$	0,722	5,26	5,22	4,97
3	0—3	5,675	5,675	4,56	1,115	0,01015	$1{,}79 \cdot 10^3$	0,722	2,96	2,96	4,92
4	0—4	5,675	5,675	$4{,}57_5$	1,100	0,01015	$1{,}79 \cdot 10^3$	0,722	2,94	2,81	—
5	0—1′	5,675	5,675	4,43	1,245	0,01015	$1{,}79 \cdot 10^3$	0,722	3,13	3,11	4,54
6	0—2′	5,675	5,675	4,48	1,195	0,01015	$1{,}79 \cdot 10^3$	0,722	3,065	3,03	4,66
7	0—3′	5,675	5,675	4,51	1,165	0,01015	$1{,}79 \cdot 10^3$	0,722	3,025	3,055	4,6
8	0—4′	5,675	5,675	4,92	0,755	0,01015	$1{,}79 \cdot 10^3$	0,722	2,44	2,46	—
9	*ab—cd*	61,957	51,17	22,26	39,697	0,0903	$1{,}77 \cdot 10^3$	0,722	53,1	49,5	
10	*bc—de*	55,52	47,9	22,72	32,80	0,0915	$1{,}91 \cdot 10^3$	0,69	47,7	42,8	
11	*cd—ab*	$51{,}87_4$	61,89	18,176	33,698	0,0881	$1{,}425 \cdot 10^3$	0,792	51,3	49,5	
12	*de—bc*	47,56	$55{,}85_4$	18,57	28,99	0,0891	$1{,}6 \cdot 10^3$	0,76	42,6	42,8	
13	*abc—def*	170,75	143,61	53,86	116,89	0,136	$0{,}957 \cdot 10^3$	0,883	137,9	140,2	
14	*def—abc*	143,61	170,75	45,31	98,3	$0{,}132_5$	$0{,}775 \cdot 10^3$	0,956	132,5	133,0	

[1]) Arnold, l. c., S. 380.

Nr. 1—8 beziehen sich auf die mehrfach erwähnte Wendepolmaschine (Anker in Luft), Nr. 9—14 auf Versuchsspulen, die mit Beziehung auf Fig. 13 gekennzeichnet sind, und zwar Nr. 9—12 in Nut 2, Nr. 13 und 14 in Nut 4. Die kurzgeschlossene Spule ist in Kol. 2 jeweils die an zweiter Stelle stehende. $c = 700$.

Zur Illustration, auf wie schwankendem Boden wir trotz allem stehen, solange uns der Schließungswiderstand nicht genügend genau bekannt ist, sind bei Nr. 1—3 und Nr. 5—7 (Kol. 12) die im Feld mit Wendepolen unter sonst gleichen Verhältnissen gemessenen S. S. I. K. angegeben, wobei der Kurzschluß durch die Kohlenbürste mit untergelegtem Stanniol bewirkt wurde. Ein Vergleich mit Kol. 4 zeigt, daß die große Dämpfung der in derselben Nut gelagerten Spulenseiten fast verloren geht.

Zu Nr. 9—14 ist zu bemerken, daß die Werte von L_1 und L_2,

Kol. 2		Kol. 3
Nr. 9	—	Nr. 11
Nr. 10	—	Nr. 12
Nr. 11	—	Nr. 9
Nr. 12	—	Nr. 10

die paarweise zu denselben Spulen gehören, mit Absicht verschiedenen Messungen entnommen sind, um den tatsächlich bleibenden Fehler zu kennzeichnen.

Es wurde der Versuch gemacht, aus vordem veröffentlichten Meßresultaten eine Kontrolle der hier niedergelegten Beziehungen anzustellen. Derselbe scheiterte jedoch, wenn überhaupt die Messungen in sich eine Gewähr für Richtigkeit boten, an dem Fehlen genügend genauer Unterlagen für die Rechnung. Insbesondere ist für die Bestimmung des G. I. K. aus dem S. S. I. K. die Kenntnis des Widerstandes der Spulen, wie wir gesehen haben, von Notwendigkeit. Ein Vergleich der von Gallusser durch Messung der Sekundärspannung erhaltenen G. I. K. mit dem aus dem S. S. I. K. berechneten lieferte beispielsweise Differenzen von 30 bis $70\,^0/_0$, was wohl darauf zurückzuführen ist, daß die für k_ω maßgebende Größe $\frac{R}{L}$ aus

$$\frac{\omega \cos \varphi}{\sin \varphi}$$

nicht genügend genau zu berechnen ist.

Es geht indess aus unseren Messungen hervor, daß der Einfluß der Periodenzahl und des Schließungswiderstandes auf den S. S. I. K. so groß ist, daß ein Fehler von 10 oder 20 °/₀ in M vollständig zurücktritt, sobald jene beiden Größen nicht einigermaßen bekannt sind. Aus diesem Grunde haben wir uns auch mit ihnen näher befaßt, als mit M selbst.

Dämpfung durch massive Stäbe.

Wegen des Umstandes, daß bei Maschinen die Leiter einer Nut sämtlich von gleicher Form sind, sind die vorliegenden Versuche sämtlich mit Stäben ausgeführt, deren Höhe gleich der der stromdurchflossenen Spulen ist. Die Stablänge war gleich der Ankerlänge, und wie oben (S. 34) wurde die gegenseitige Lage durch Holzplättchen gesichert. Die Querschnitte in qcm, sowie die Breite und Höhe in mm der Stäbe sind folgende:

Stab-Nr.	1	2	3	4	5	6
Q	0,88	0,22	0,88	0,44	0,22	0,22
Breite/Höhe	8/11	4/5,5	5/5,10	4/11	2/11	2,75/8

Ebensowenig wie für die Leitfähigkeit des Nutenflusses läßt sich hier eine Formel aufstellen, die alle Verhältnisse umfaßt; es kommt uns hier auch nur auf eine Schätzung an.

Fig. 20 stellt die Abhängigkeit der Nutleitfähigkeit von der Periodenzahl dar, zusammengetragen aus 2 an verschiedenen Tagen aufgenommenen Versuchsreihen, und aufgenommen an Nut 3 Spulen *efg* mit 5 Stäben Nr. 5 und 2 Stäben Nr. 6, also einem Gesamtkupferquerschnitt von 1,76 qcm pro Nut.

Der ganze Nutfluß war sonach durch massives Kupfer sozusagen abgeschirmt, sodaß wir einen extremen Fall vor uns haben. Die Werte sind derart erhalten, daß der gemessene S. I. K. von dem bei 50 Perioden ohne die Kupferstäbe gemessenen abgezogen und die Differenz durch $2 w^2 \cdot l_i \cdot 10$ dividiert wurden. Zum Vergleich ist die aus Formel (9) berechnete Leitfähigkeit durch eine Parallele zur Abszissenachse angedeutet.

Die Leitfähigkeit ist demnach bei $c = 500$ nur noch die Hälfte, bei $c = 1500$ wird sie ungefähr $^1/_4$ sein.

Die Dämpfung ist hieraus ungefähr (mit maximal $7\,^0/_0$ Fehler) proportional $\sqrt{c}$; ob bei geringer Frequenz ein Umbiegen der Kurve entsprechend der Funktion

$$\frac{c^2}{\text{konst.} + c^2}$$

erfolgt, konnte nicht festgestellt werden, weil die Werte bei $c = 100$ wegen einer Lücke zwischen den Stufen des Variometers nicht gemessen werden konnten. Bei $c = 50$ betrug überdies die Änderung des Gesamtwertes ca. 1 pro Mill.

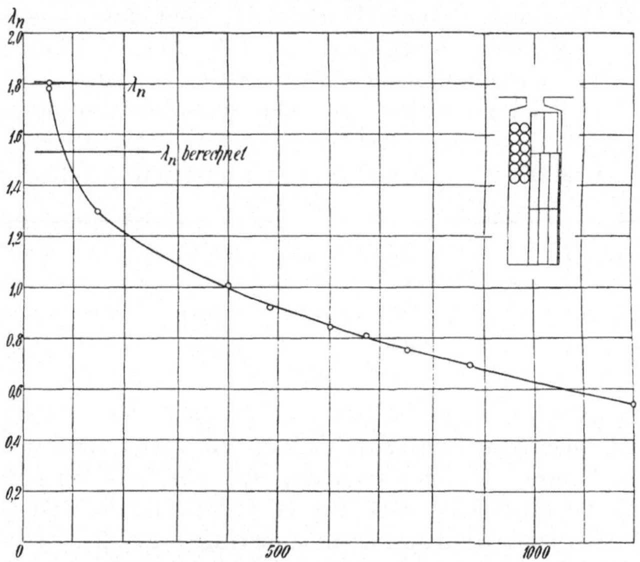

Fig. 20. Abnahme der Nutleitfähigkeit mit der Periodenzahl infolge Dämpfung durch Kupferstäbe.

Die Periodenzahl bei den folgenden Versuchen war 700.

Den Unterschied, ob auf beiden Seiten der Spule oder nur einseitig massive Stäbe liegen, illustriert Tabelle 12. Aufgenommen an Nut 1 mit je 2 Stäben Nr. 6 neben die betreffenden Spulen gelegt. Der Gesamtkupferquerschnitt war also jeweils derselbe. Wir geben die gemessene Differenz in Mikrohenry, die Änderung von λ_n absolut und in Prozenten.

Tabelle 12.
Unterschied zwischen einseitiger und doppelseitiger Dämpfung.

Spule	Lage	ΔL	$\Delta \lambda_n$	$\Delta \lambda_n / \lambda_n$ %
a b	Rand	3,715	0,340	13,3
b c	,,	2,056	0,185	16,7
c d	,,	3,482	0,317	25,7
d e	,,	2,255	0,025	29,0
a b	Mitte	9,72	0,873	36,0
b c	,,	5,539	0,498	28,0
c d	,,	3,834	0,344	30,0
d e	,,	3,686	0,33	65,0

$c = 700$

An Spule *b c* sehen wir den Einfluß unkontrollierbarer Änderungen deutlich. Dieselben haben offenbar einen unbemerkten Fehler bei der Messung ohne Dämpfung bewirkt, jedoch ist die Übereinstimmung bezüglich der Abnahme durch Dämpfung befriedigender.

Die Dämpfung ist also im Mittel rund doppelt so groß, wenn die Spulenseiten beiderseits von Kupfer umgeben sind, als wenn nur auf einer Seite solches vorhanden ist. Wir können deshalb die Messungen am Rande fortsetzen und mittlere Verhältnisse durch einen Zuschlag von $50\,^0/_0$ berücksichtigen.

Die Abhängigkeit vom Stabquerschnitt zeigt Tabelle 13.

Tabelle 13.
Abhängigkeit der Dämpfung vom Stabquerschnitt.

Spule	q	ΔL	$\Delta \lambda_n$	$\Delta \lambda_n / \lambda_n$ %
a	0,22	0,358	0,127	0,047
	0,44	0,683	0,244	0,09
b	0,22	0,158	0,062	0,029
	0,44	0,344	0,128	0,06
c	0,22	0,289	0,102	0,063
	0,44	0,540	0,193	0,12
d	0,22	0,038	0,011	0,010
	0,44	0,067	$0{,}022_6$	$0{,}020_5$
e	0,22	0,086	0,029	0,04
	0,44	0,285	0,100	0,135

$c = 700$

Aufgenommen an Nut 2 mit je einem Stab Nr. 2 und Nr. 4.

Die Proportionalität der Dämpfung mit dem Stabquerschnitt geht hieraus deutlich hervor, indem die Dämpfung mit Stab 4 ($q = 0{,}44$ qcm) fast genau das Doppelte der durch Stab 2 ($q = 0{,}22$ qcm) verursachten ist. Nur bei Spule *e* ist das Verhältnis größer, weil die Induktionsröhren der Spule schon größtenteils aus der Nut heraustreten, und erst am gegenüberliegenden Nutrand eine größere Dichte haben, also erst bei größerer Breite des Stabes in diesem Wirbelströme erzeugen können.

Tabelle 14.

Dämpfung der Nutleitfähigkeit durch massive Stäbe.

Nut	Spule	Lage	Stab Nr.	q	r	z	ΔL	$\Delta \lambda_n$	$\Delta \lambda_n / \lambda_n$ %
1	*a*	Rand	2	0,22	0,4	1	0,374	0,1325	4,2
	b	„	2	0,22	0,4	1	0,322	0,1142	4,9
	c	„	2	0,22	0,4	1	0,132	0,0463	2,8
	d	„	2	0,22	0,4	1	0,066	0,0225	2,1
2	*a b*	Rand	1	0,88	0,8	1	3,19	0,287	12,8
			6	0,22	0,8	4	2,06	0,185	8,3
			6	0,22	0,8	2	$1{,}82_4$	0,164	7,3
	b c	„	1	0,88	0,8	1	2,454	0,221	13,5
			6	0,22	0,8	4	1,528	0,137	8,4
			6	0,22	0,8	2	1,128	0,102	6,3
	c d	„	1	0,88	0,8	1	1,684	0,151	12,5
			6	0,22	0,8	4	0,888	0,080	6,7
			6	0,22	0,8	2	0,755	0,068	5,7
	d e	„	1	0,88	0,8	1	1,794	0,161	20,0
			6	0,22	0,8	4	0,794	0,071	8,8
			6	0,22	0,8	2	0,664	0,06	7,5
	a b c	„	1	0,88	1,2	1	3,98	0,159	8,4
			4	0,44	1,2	3	3,98	0,159	8,4
	c d e	„	1	0,88	1,2	1	6,64	0,257	27,0
			4	0,44	1,2	3	5,97	0,238	25,0
	a b c d	„	3	0,88	1,6	2	50,12	1,125	73,0
			3	0,88	1,6	1	13,63	0,306	20,0
	b c d e	„	3	0,88	1,6	2	19,57	0,439	39,0
			3	0,88	1,6	1	15,25	0,342	30,0

Tabelle 15.
Dämpfung der Nutleitfähigkeit durch massive Stäbe (Fortsetzung).

Nut	Spule	Lage	Stab Nr.	q	r	z	ΔL	$\Delta [\lambda_n]$	$\Delta [\lambda_n] / [\lambda_n]$ %
4	*a b c*	Rand	1	0,88	1,2	2	17,57	0,707	37,5
		„	4	0,44	1,2	4	16,77	0,675	35,6
		„	5	0,22	1,2	8	16,44	0,662	35,0
		„	2	0,22	0,6	8	11,13	0,450	23,8
		„	6	0,22	0,3	8	6,49	0,264	14,0
	a	„	2	0,22	0,4	1	0,334	0,120	3,8
		„	2	0,22	0,4	2	0,404	0,145	4,6
		„	4	0,44	0,4	1	0,594	0,213	6,9
	b	„	2	0,22	0,4	1	0,100	$0{,}035_5$	1,37
		„	2	0,22	0,4	2	0,130	0,044	1,69
		„	4	0,44	0,4	1	0,300	0,108	4,15
	c	„	2	0,22	0,4	1	0,067	0,024	1,12
		„	2	0,22	0,4	2	0,100	0,036	1,7
		„	4	0,44	0,4	1	0,267	0,096	4,5
	d	„	2	0,22	0,4	1	0,020	0,007	0,4
		„	2	0,22	0,4	2	0,087	0,031	1,8
		„	4	0,44	0,4	1	0,219	0,079	4,5
	e	„	2	0,22	0,4	1	0,232	0,083	6,0
		„	2	0,22	0,4	2	0,444	0,160	11,5
		„	4	0,44	0,4	1	0,663	0,238	17,2
	f	„	2	0,22	0,4	1	0,201	$0{,}071_5$	6,9
		„	2	0,22	0,4	2	0,232	0,083	8,0
		„	4	0,44	0,4	1	0,360	0,131	12,6

Der Einfluß der Stabhöhe und der Stabzahl bei konstantem Gesamtquerschnitt läßt sich mit wenigen Meßresultaten nicht übersichtlich darstellen. Es sind deshalb in den Tabellen 14—16 in gleicher Weise wie in den beiden vorhergehenden die Dämpfungsfaktoren angegeben. Die Periodenzahl war auch hier 700.

Tabelle 16.

Dämpfung der Nutleitfähigkeit durch massive Stäbe (Schluß).

Nut	Spule	Lage	Stab Nr.	q	r	z	ΔL	$\Delta [\lambda_n]$	$\Delta [\lambda_n] / [\lambda_n]$ %
4	ab	Rand	1	0,88	0,8	1	2,46	0,231	8,4
		,,	6	0,22	0,8	4	0,80	0,072	2,6
		,,	6	0,22	0,8	2	0,8	0,072	2,6
	bc	,,	1	0,88	0,8	1	1,46	0,131	5,9
		,,	6	0,22	0,8	4	0,199	0,018	0,8
		,,	6	0,22	0,8	2	0	0	0
	cd	,,	1	0,88	0,8	1	1,794	0,161	9,0
		,,	6	0,22	0,8	4	0,531	0,048	2,7
	de	,,	1	0,88	0,8	1	1,730	0,156	11,4
		,,	6	0,22	0,8	5	3,780	0,340	24,8
		,,	6	0,22	0,8	3	0,467	0,042	3,0
	ef	,,	1	0,88	0,8	1	2,189	0,197	20,0
		,,	6	0,22	0,8	5	1,592	0,143	14,6
	abc	,,	1	0,88	1,2	1	5,64	0,225	9,1
		,,	4	0,44	1,2	3	4,64	0,185	7,5
		,,	5	0,22	1,2	6	5,64	0,225	9,1

Durch passende Zusammenstellung und Mittelnehmen erhalten wir hieraus folgendes:

Bezogen auf die Leitfähigkeit λ_n (bei halbgeschlossenen Nuten auf $[\lambda_n]$) und bei 700 Perioden ist die Dämpfung durch 4 mm hohe Stäbe sehr klein (3—7 %) und nur bei größerer Querausdehnung, die bei Maschinen außerordentlich selten vorkommt, 7—20 und 25 %. Bei 8 mm hohen Stäben 15—45 % und darüber, je höher die Spulenseite in der Nut liegt. Bei einer Stabhöhe von 12 mm 50 % und bei 16 mm 70—90 %.

Ein bei erheblichen Stabquerschnitten durchaus befriedigendes Maß der Dämpfung in Bruchteilen der Leitfähigkeit λ_n gibt die Formel

$$k_n = 1 - \sqrt{c} \cdot q \cdot r \cdot z \cdot 10^{-2},$$

wo c = Periodenzahl,
q = der Querschnitt eines Stabes in qcm,
r = Höhe ,, ,, ,, cm,
z = Zahl der dämpfenden Stäbe.

Nehmen wir beispielsweise eine Nut mit 4 Stäben von 0,3/1 cm, dann ist bei 1000 Perioden

$$k_n = 1 - 33{,}3 \cdot 0{,}3 \cdot 1 \cdot 3 \cdot 10^{-2} = 0{,}7.$$

k_n tritt als Faktor zu λ_n bzw. $[\lambda_n]$.

Bei kleinen Stabquerschnitten ist die Übereinstimmung mit den Versuchen gering, jedoch sind diese Resultate selbst infolge der kaum nachweisbaren Differenzen mit erheblichen Fehlern behaftet.

Bei Drähten oder Stäben mit nicht zu großem Querschnitt kann es wohl eintreten, daß die Nutleitfähigkeit bei hohen Frequenzen gerade den Wert erhält, der aus Formel (9) berechnet wird, und nicht schon bei 160 Perioden, wie Fig. 19 zeigt.

Über den Einfluß des Skineffektes von massiven Leitern auf den S. I. K. erhalten wir hier keinen Aufschluß. Versuche in dieser Richtung konnten leider nicht ausgeführt werden, weil der Generator für die zur Erreichung eines wesentlichen Kraftflusses erforderliche größere Stromstärke nicht dimensioniert war.

Einfluß von massivem Eisen.

Es wird im allgemeinen angenommen, daß in massivem Eisen bei hohen Frequenzen das rückwirkende Feld der Wirbelströme die Verstärkung des Feldes durch erhöhte Permeabilität kompensiert, so daß man die Anwesenheit von solchem Eisen ignorieren kann[1]).

Wir haben nun bei den eingangs erwähnten Versuchen gesehen, daß bei einem massiven Magnetgestell die Dämpfung überwog, daß jedoch massive Wendepole eine Erhöhung der Leitfähigkeit bewirkten. Bilden wir nun die Differenz der gemessenen Selbstinduktion mit und ohne Wendepole an jeder Stelle der neutralen Zone (Fig. 7 u. 8) so erhalten wir in einfacher Weise das bemerkenswerte Bild Fig. 21, welches die Erhöhung λ_{kw} der Leitfähigkeit der Zahnkopfstreuung durch Wendepole darstellt. Der dämpfende Einfluß des Joches wird also durch die Zunahme der Leitfähigkeit infolge der Wende-

[1]) Rüdenberg, Theorie der Kommutation usw. Voit, Samml. el. Vorträge Bd. X, Heft 11/12, S. 86 und Arnold, l. c., S. 580.

pole auch bei hoher Wechselzahl übertroffen, wenn man mit dem stromführenden Leiter unter eine gewisse Entfernung heran-

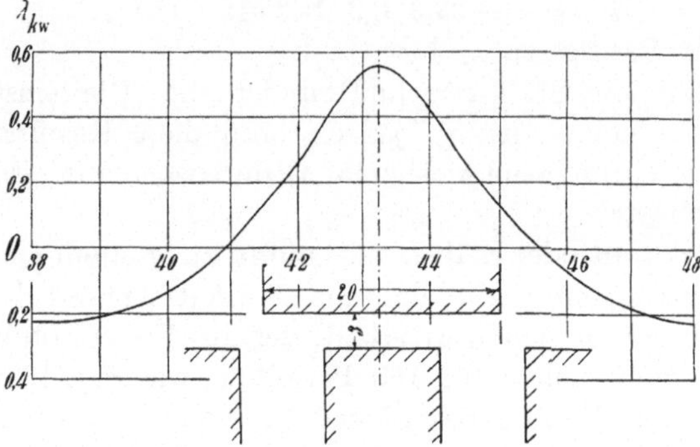

Fig. 21. Leitfähigkeit der Zahnkopfstreuung für massive Wendepole.

kommt. Die Periodenzahl war hier 700; die für eine etwa vorzunehmende Rechnung notwendigen Daten sind S. 12 angegeben.

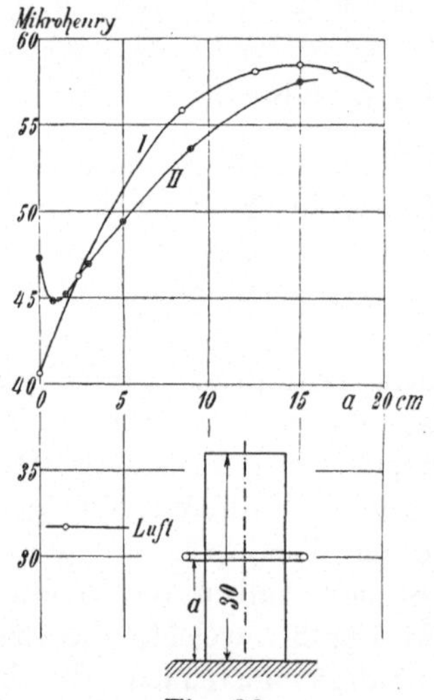

Fig. 22.

Diese Erscheinung war bei einem einfachen Versuchsobjekt ebenfalls nachzuweisen. Eine rechteckige Spule (Tabelle 2, Nr. 3) wurde koaxial mit einem zylindrischen Bündel von 11 cm Durchmesser aus Eisendraht von 2 mm Durchmesser verschoben und der S. I. K. in Abhängigkeit von der Entfernung a vom Ende bestimmt (Fig. 22 Kurve I.) Sodann wurde das Drahtbündel auf eine ausgedehnte Gußeisenplatte gestellt und der Versuch wiederholt (Kurve II).

(Der untere Teil der Skala ist weggelassen.)

Auch hier sehen wir, daß in größerer Entfernung von den massiven Eisenteilen die Dämpfung überwiegt, daß in einer kleinen Entfernung (ca. 1 cm) das massive Eisen sich indifferent zeigt und daß bei weiterer Näherung die größere Permeabilität überwiegt.

Bei 50 Perioden fand mit abnehmendem a eine kontinuierliche Zunahme des S. I. K. (bis zum Wert 88,56 Mikrohenry) statt, ebenso bei 700 Perioden mit der Gußeisenplatte allein, wo für $a = 0$ $L = 39{,}80$ Mikrohenry und schon für $a = 2{,}0$ cm $L = 32{,}47$ Mikrohenry gefunden wurde, ein Wert, der nur um $2\,^0/_0$ größer ist als der bei sorgfältiger Fernhaltung jeden Eisens gemessene[1]).

Wir können hieraus folgende Schlüsse ziehen:

Verläuft der von einer Spule erzeugte Kraftfluß zur Hälfte oder mehr in lamelliertem Eisen, in welchem keine wesentlichen Wirbelströme entstehen können, (wie es bei lamellierten Ankern immer der Fall ist), und zum andern Teil in Luft und massivem Eisen, so wirkt dieses bei Wechselzahlen über 300 dämpfend gegenüber dem Zustand, in dem es nicht vorhanden ist; es dürfen jedoch die massiven Teile des Eisens die Leiter der Spule nicht berühren.

Bei sehr kleinem Abstand von Eisen und Leiter oder direkter Berührung wirkt das massive Eisen nie dämpfend, einerlei ob der Kraftfluß außerdem lamelliertes Eisen durchsetzt oder nicht; sondern der Kraftfluß wird nach Maßgabe der effektiven Permeabilität verstärkt.

Dies zeigte sich auch bei einer Reihe von Messungen, die mit Polen und Polschuhen, sowie massiven Ringen, wie sie als Träger der Stirnverbindungen benutzt werden, angestellt wurden. Es trat immer eine geringe, jedoch merkbare Erhöhung des S. I. K. auf.

---

[1]) Eine weitere ganz analoge Erscheinung konnten wir bei einem Demonstrationsversuch des Herrn Dr. Mandelstam im physik. Institut der Universität Straßburg beobachten. Eine in einem Schwingungskreise befindliche Spule wirkte zugleich auf eine Braunsche Röhre, wodurch die Schwingungen in besonderer Weise nach einer Zeitkoordinate zerlegt wurden. Bei Einbringen eines massiven Eisenkernes in die Spule wurden die Schwingungen zunächst bis nahe zur Aperiodizität verlangsamt, ohne daß ihre Amplituden erhöht wurden, es war also nur Dämpfung vorhanden; erst bei weiterem Einschieben des Kerns nahm die Größe der Amplituden zu, trat also eine den Kraftfluß erhöhende Wirkung von Eisen auf.

Für den Fall, daß die massive Eisenoberfläche Äquipotentialflächen des Kraftflusses einer Spule entspricht, können wir die effektive Permeabilität experimentell bestimmen. Wir messen den S. I. K. einer flachen Spule in Luft (L_{Luft}),. auf lamelliertem Eisen bei 50 Perioden (L_{50}) und auf massivem Eisen (L_m), wie es Fig. 11 zeigt. Betrachten wir nur die auf Eisen liegenden Teile und sind λ_L die Leitfähigkeit des Luftweges, wenn die Spule auf unendlich gut leitendem Eisen liegt (gleich dem doppelten Wert in Luft), $\lambda_m \mu_m$ die Leitfähigkeit im massiven Eisen, wobei $\lambda_m = \lambda_L$ ist, so gilt für die gesamte Leitfähigkeit λ' auf massivem Eisen:

$$\frac{1}{\lambda'} = \frac{1}{\lambda_L} + \frac{1}{\lambda_m \mu_m}$$

$$\frac{\lambda_L}{\lambda'} = 1 + \frac{1}{\mu_m}.$$

Nun können wir λ' aus

$$\lambda' = \frac{L_m - L_{Stirn}}{2\, w^2\, l \cdot 10}$$

berechnen.

Da ferner gilt

$$2\,(L_{50} - L_{Luft}) + L_{Stirn} = L_{50}$$

$$L_{Stirn} = 2\, L_{Luft} - L_{50}$$

und

$$\lambda_L = \frac{2\,(L_{50} - L_{Luft})}{2\, w^2\, l \cdot 10} \qquad \text{(s. Gl. 5)}$$

so erhalten wir

$$\frac{\lambda_L}{\lambda'} = \frac{2\,(L_{50} - L_{Luft})}{L_m - 2\, L_{Luft} + L_{50}}$$

$$\mu_m = \frac{1}{\frac{\lambda_L}{\lambda'} - 1}.$$

Die Messungen wurden mit der Spule Fig. 11 angestellt. Der massive schmiedeeiserne Klotz hatte dieselben Dimensionen wie das lamellierte Blechpaket, und war magnetisch noch nicht beansprucht.

Die aufgenommenen Werte sind in Fig. 22 eingetragen (Kurve I auf lamelliertem, Kurve II auf massivem Eisen gemessen). Die Stromstärke war 5 Amp.; die Differenz bei 1 und 8 Amp. war ungefähr 3,5 $^0/_0$, Fehler derselben Größenordnung wurden durch Beanspruchung verschiedener Seiten des Kernes hervorgebracht. Da die Bestimmung von μ_m nur auf Differenzenbildung basiert, so kam uns auch hier wieder die Präzision der Messungen sehr zustatten.

Fig. 22 zeigt unten die in angegebener Weise berechnete effektive Permeabilität.

Wir sehen, daß die Permeabilität schon bei 50 Perioden nur ca. 7, bei 500 Perioden nur 2 ist. Auf allgemeine Anwendbarkeit ist hier kein Anspruch zu erheben, da bei großen Sättigungen bedeutend höhere Werte auftreten können. Andererseits ist zu betonen, daß der geschilderte Fall insofern ein Grenzfall ist, als die wirksame Permeabilität im allgemeinen noch kleiner sein wird, also bei nicht direkter Berührung mit praktisch genügender Genauigkeit doch gleich eins gesetzt werden kann.

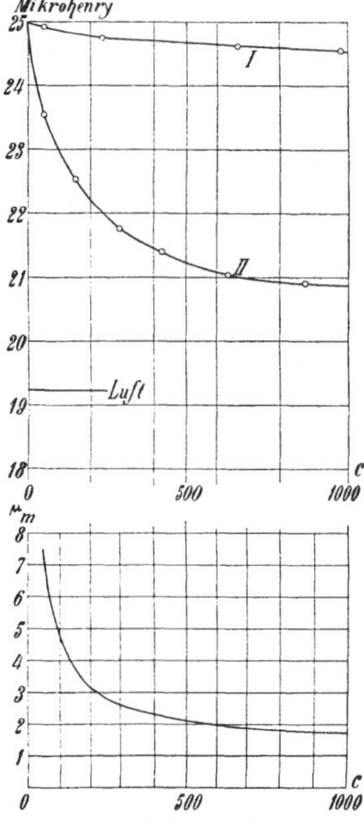

Fig. 23. Effektive Permeabilität von massivem Eisen.

Bei den vorliegenden Messungen ist auf den Einfluß der Stromstärke oder der Sättigung gelegentlich hingewiesen, jedoch aus mehrfach erwähnten Gründen nicht näher eingegangen. Es war dies um so mehr zulässig, als bei gleichen Verhältnissen dieser Einfluß gegenüber anderen selten in Frage kam.